U0338493

丛书主编　韩子勇

长江
国家文化公园
100问

李后强　等／编著

南京出版传媒集团　南京出版社

图书在版编目（CIP）数据

长江国家文化公园100问 / 李后强等编著. -- 南京：
南京出版社, 2023.6
（中国国家文化公园丛书）
ISBN 978-7-5533-4249-8

Ⅰ. ①长… Ⅱ. ①李… Ⅲ. ①长江 – 国家公园 – 问题
解答 Ⅳ. ①S759.992-44

中国国家版本馆CIP数据核字（2023）第098113号

丛 书 名　中国国家文化公园丛书
丛书主编　韩子勇
书　　名　长江国家文化公园100问
作　　者　李后强 等
出版发行　南京出版传媒集团
　　　　　南 京 出 版 社
　　社址：南京市太平门街53号　　　　邮编：210016
　　网址：http://www.njcbs.cn　　　　电子信箱：njcbs1988@163.com
　　联系电话：025-83283893、83283864（营销）　025-83112257（编务）

出 版 人　项晓宁
出 品 人　卢海鸣
责任编辑　徐　智
装帧设计　王　俊
责任印制　杨福彬

排　　版　南京新华丰制版有限公司
印　　刷　南京顺和印刷有限责任公司
开　　本　787 毫米×1092 毫米　1/16
印　　张　13.25　　插页2
字　　数　170千
版　　次　2023年6月第 1 版
印　　次　2023年6月第 1 次印刷
书　　号　ISBN 978-7-5533-4249-8
定　　价　39.00 元

用微信或京东
APP扫码购书

用淘宝APP
扫码购书

编 委 会

总　序

如果只选一个字，代表中华文明观念，就是"中"。

一个"中"字，不仅是空间选择，也是民族、社会、文化、情感、思维方式的选择。我们的早期文明中很重要的一件事，就是立"天地之中"——确立安身立命的地方。宅兹中国、求中建极、居中而治、允执厥中、极高明而道中庸……求中、建中、守中，抱元守一，一以贯之，这是超大型文明体、超大型社会得以团结统一、绵绵不绝、生生不息的内在要求。

"中"是"太初有言"，由中乃和，由中乃容，由中乃大，由中乃成，由中而大一统。所谓"易有太极，是生两仪，两仪生四象，四象生八卦"（《易传·系辞上》），八卦生天地。一个"中"字，是文明的初心，是最早的中国范式，是中华民族的"我思故我在"，是渗透到我们血脉里的DNA，是这个伟大共同体的共有姓氏。以中为中，俯纳边流，闳约深美，守正创新。今天，中国共产党人带领中国人民，在中国式现代化征程中，努力建设中华民族现代文明。一幅中华民族伟大复兴的壮丽画卷，正徐徐展开。

习近平总书记指出："一部中国史，就是一部各民族交融汇聚成多元一体的中华民族的历史，就是各民族共同缔造、发展、巩固统一的伟大祖国的历史。各民族之所以团结融合，多元之所以聚为一体，源自各民族文化上的兼收并蓄、经济上的相互依存、情感上的相互亲近，源自中华民族追求团结统一的内生动力。正因为如此，中华文明才具有无与伦比的包容性和吸纳力，才可久可大、根深叶茂。""我们辽阔的疆域是各民族共同开拓的。""我们悠久的历史是各民族共同书写的。""我们灿烂的文化是各民族共同创造的。""我们伟大的精神是各民族共同培育的。"长城、大运河、长征、黄河、长江，无比雄辩地印证了"四个共同"的中华民族历史观。建好用好长城、大运河、长征、黄河、长江国家文化公园，打造中华文化标识，铸牢中华民族共同体意识，夯实习近平总书记"四个共同"的中华民族历史观，是新时代文化建设的战略举措。最近，习近平总书记在文化传承发展座谈会上发表重要讲话，指出中华文明具有突出的连续性、突出的创新性、突出的统一性、突出的包容性和突出的和平性五个特性。长城、大运河、长征、黄河、长江，最能体现中华文明这五个突出特性。目前，国家文化公园建设方兴未艾，在紧锣密鼓展开具体项目、活动和工作时，扎扎实实贯彻落实好习近平总书记关于"四个共同""五个突出特性"等重要指示精神，尤为重要，正当其时。

"好雨知时节，当春乃发生。"南京出版社，传时代新声，精心组织专家学者，及时策划、撰写、编辑、出版了这套国家文化公园丛书。我想，这套丛书的出版，对于国家文化公园的建设者，对于急于了解国家文化公园情况的人们，都是大有裨益的。

国家文化公园专家咨询委员会总协调人、长城组协调人，中国艺术研究院原院长、中国工艺美术馆（中国非物质文化遗产馆）原馆长

2023 年 6 月

目 录

第三篇 绿色生态

第四篇　科学技术

第五篇 时代精神

序 篇

~~~~~~~~~~~~~~~~~~~~~~~~~~~~~~~~~~~~~~~ 1

长江国家文化公园是什么？

要回答这个问题，首先要明白什么是"文化"和"公园"。广义的文化是指人类在社会实践中创造的物质财富和精神财富的总和，狭义的文化是指人类的精神生产能力和精神创造成果，由此可以分出物质文化和非物质文化两个大类。物质文化是指人类创造的物质成果，包括交通工具、房屋建筑、桥梁大坝、飞机轮船、日常用品等，这些是可见的显性文化；非物质文化包括制度文化和心理文化，分别指家庭、生活、生产、社会制度，以及思维方式、审美情趣，它们属于不可见的隐性文化。我们通常讲的文化是狭义文化，即非物质文化，主要包括社会意识形态的东西，比如教育、科学、文学艺术、宗教信仰、风俗习惯、道德情操、组织制度等。可见，文化是民族的历史记忆和人民的精神家园，是一个国家、民族的灵魂与血脉。文化自信是一个国家、民族发展中更基本、更深沉、更持久的力量。

　　古代的"公园"，指官家的园子。现代的"公园"一般是指政府建设并经营的作为自然观赏区和供公众休息游玩的公共区域。根据《公园设计规范》①，公园"是供公众游览、观赏、休憩、开展科学文化及锻炼身体等活动，有较完善的设施和良好的绿化环境的公共绿地"，一般可分为城市公园、森林公园、主题公园、专类园等。国家公园，是指国家为了保护一个或多个典型生态系统的完整性，为生态旅游、科学研究和环境教育提供场所而划定的需要特殊保护、管理和利用的自然区域，比如三江源、大熊猫、东北虎豹、海南热带雨林、武夷山等国家公园。国家文化公园，是指国家为保护和发展文化而规划建设的自然区域，是由国家推进实施的重大文化工程。国家文化公园展现了中华历史之美、山河之美、文化之美、信仰之美，凝聚着中华民族自强不息的奋斗精神、众志成城的爱国情怀、坚如磐石的信仰信念、崇德向善的文明追求、天人合一的生态观念。建设国家文化公园，是党中央做出的重大决策部署，是推动新时代文化繁荣发展的重大工程。

　　那么，什么是长江国家文化公园呢？它是以长江及其支流所在区域为界线，以流域内众多物质文化和非物质文化特别是历史资源与文化资源为载体，由国家组织实施建设的展现中华江河文明特点的线性文化公园，具有开放性、公益性、自然性、历史性、多样性的特点。从本质上讲，长江国家文化公园就是长江文化带。长江是中国第一大河流，来自青藏高原的涓涓雪水，穿过灵秀的巴山蜀地，流经温润的江南水乡，汇入浩瀚的东海，全长6397千米，汇集数以千计的大小支流。长江串起了文明，连起了文化，编织起丰富多彩的中华民族文化之网，使天地人和的理念与大自然完美契合，为悠悠华夏带来了一首首生动的诗歌，绵延不绝地为中华文明输送营

---

　　① 《公园设计规范》为国家标准，编号为GB51192-2016，自2017年1月1日起实施。

养，与黄河一起并称为中华民族的"母亲河"，在中华文明的起源和发展中占据了极为重要的地位，是中华文明多元一体格局的标志与象征。长江与黄河互济，共同构建了中华民族的精神家园和文化遗传的"双链体"基因。长江是我国横贯东西的大动脉，是中华文明的中轴，孕育了中华五千年文明，滋养了稻作文明，形成了巴蜀、荆楚、吴越等特色显著的区域文化。长江上游的巴蜀文化务实包容、率性自适；中游的荆楚文化崇武爱国、浪漫雄奇；下游的吴越文化刚柔并蓄、敢为人先。长江文化是中华民族文化的主体展现，是中华文明和合共生、创新创造、开放包容、生生不息的活力源泉。长江流域既是中华民族的文化高地，也是文明高地，同时又是经济发展高地。2022 年 1 月，国家文化公园建设工作领导小组印发通知，部署启动长江国家文化公园建设，要求各相关部门和地区结合实际抓好贯彻落实。

2

~~~~~~

几个国家文化公园之间有怎样的"个性"差异？

目前入列国家文化公园的，除了长江外，还有长城、大运河、长征、黄河。这些文化载体，从空间来看，都是线性的走势。从时间来看，长江、黄河历经千百万年，长城、大运河有两千多年的历史，长征只有 80 多年。从形成来看，长江、黄河是大自然的鬼斧神工，长城、大运河、长征是人力的伟大创造。从文化来看，长江、黄河重在历史文化和自然文化的融合，灵动的长江文化和雄浑的黄河文化"江河互济",塑造了自强不息的民族品格;长城、大运河突出历史文化保护,历经千百年风雨洗礼的长城、大运河文化,兼容并蓄,多彩荟萃,是中华民族宝贵的文化遗产;长征孕育出红色文化,红军长征沿线留下的革命文化遗存,展现了中国革命艰苦卓绝的斗争历程。国家部委对国家文化公园有统一的发展目标、建设要求和战略部署。

一个国家文化公园就是一部历史典籍,但每本"书"的内容、页码与装帧都不同,可谓特色各具、亮点纷呈。长江国家文化公园与其他国家文化公园的最大差别是:前者是大自然的神奇杰作又是天地人的共生记录,长城、大运河、长征国家文化公园是人类的伟大创举又是历史的深厚积淀,而黄河国家文化公园则是人间悲欢离合的实物档案和时间产物。黄河彰显了中华民族的苦难辉煌,河道多变、河水泛滥、河灾不断,冲积土壤疏松肥沃,黄河文化是我们的"根与魂";长江彰显了中华民族的坚韧图强,沿江土壤坚硬黏结、江岸稳定、江水清澈、江山锦绣,长江文化是我们的"骨与肉";长城、大运河、长征彰显了中华民族的创新进取,大战有策、大水能驯、大难不惧,敢于斗争,勇于胜利,这些文化是我们的"经与脉"。

国家文化公园是具有线性文化遗产特征的宏大历史叙事时空。长江是我国最重要的交通动脉、生态廊道、经济通道和文化纽带,在其亿万年的自然史中,不仅哺育了流域的万千生物,同时也孕育了人类的文明。经历了长期的水与石的厮杀、柔与刚的拼搏,在曲折艰难里诞生成长,是东方沃野上的一条巨龙、一首流动的诗、一幅隽永的画作、一个永不休止的音符。它的上游有自古称道的"天府之国",中游有令"天下足"的湖广①,下游有闻名中外的"天堂苏杭""博爱之都"②。上至远古,下至如今,勤劳、

---

① 指湖北、湖南。
② 指南京。

勇敢、智慧、善良的中国人在长江上用自己的血汗开创了一个个前无古人、不可复制的伟大奇迹。长江是自然的，也是人文的，从"巴东三峡巫峡长，猿鸣三声泪沾裳"到"无边落木萧萧下，不尽长江滚滚来"，从"大江东去，浪淘尽，千古风云人物"到"滚滚长江东逝水，浪花淘尽英雄"，万里长江不知目睹了多少王朝兴替、触动了多少英雄情怀。长江作为一条流淌着文化、诗歌与美感的大江，孕育了中华民族数千年的文明，见证了中华民族成长的沧桑历程，代表了中华民族奋斗不息的精神，成为中华民族共同的文化记忆与独特的精神标识。在中国五千年文明历程中，长江发挥了义化交流融合的通道作用，形成一条完整的文化廊道，是跨越历史时空且流动的线性文化遗产，是中华民族共同的精神家园。

~~~~~~ 3

长江国家文化公园涉及哪些地方？

长江国家文化公园的建设范围，综合考虑了长江干流区域和长江经济带区域，涉及上海、江苏、浙江、安徽、江西、湖北、湖南、重庆、四川、贵州、云南、西藏、青海13个省（区、市）。长江干流流经青海、西藏、四川、云南、重庆、湖北、湖南、江西、安徽、江苏、上海11个省（区、市），加上浙江、贵州2个省已经融入长江经济带整体之中，所以也被纳入长江国家文化公园建设范围。

长江是我国版图上东西走向的"文化中轴"，建设长江国家文化公园

将形成"一条中轴"带动整体发展、"三大板块"合力支撑文化传承、"八
大文化区"多点联动引领发展的空间格局。"一条中轴"凸显自西而东的
文化形态变迁,充分发挥线性串联和综合展示功能,实现长江岸线与沿线
文化、生态、景观等资源要素的点带结合和有效配置。依托长江上游、中游、
下游"三大板块",自西而东形成滇文化区(云南)、黔文化区(贵州)、
巴蜀文化区(四川、重庆)、荆楚文化区(湖北)、湖湘文化区(湖南)、
赣文化区(江西)、江淮文化区(安徽、江苏)、吴越文化区(江苏、浙
江、上海)"八大文化区"。各文化区都蕴含着独特的内容,山水、水利、
航运、农耕、建筑、工商、宗教、文学、饮食、节庆和红色资源等诸多文
化融合共生,形成长江文化的特色表达空间。长江国家文化公园的主题展
示和文旅融合,呼应不同地区的文化理解,以人民群众能够读懂的方式进
行遗产挖掘与阐释,在文化认同中促进长江流域内外交流,以开放的态度

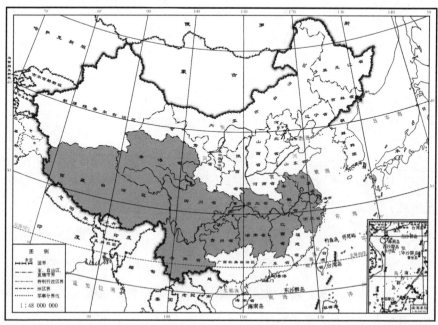

审图号:GS(2016)1600号

自然资源部 监制

长江国家文化公园所涉省(区、市)示意图

吸纳更多文明养分，不断传承弘扬和丰富完善长江文化。规划和建设长江国家文化公园，应高度重视主体功能区的定位。依据各地资源富集程度、遗产发掘保护状态、与核心文化价值的关联度，明确差异化的建设保护重点，构筑空间联动、功能互补、特色鲜明的长江文化保护利用形态。

◎ 延伸阅读

长江国家文化公园建设的组织和实施

长江国家文化公园建设在中共中央统一部署下进行，坚持中央统筹、省负总责、分级管理、分段负责的工作格局，由沿线各省（区、市）具体规划实施。在国家文化公园建设领导小组的统一领导下，制定支持长江国家文化公园建设的具体政策，建立健全投入保障机制，推动引导政府、社会、市场共同参与长江国家文化公园建设。同时，在建设过程中注重遗产活化与全民参与，充分体现公益性和大众性，提高人民群众的参与度和获得感。

4

长江经济带战略影响为什么这么大？

长江经济带建设和长江国家文化公园建设，都是党中央做出的重大决策，都融入了国家在长江流域实施的重大区域发展战略中。实际上，长江国家文化公园建设就是长江文化带建设，且比长江经济带更长、更宽。长江经济带与长江文化带是长江的"一体两翼""一币两面",长江经济带建设侧重于经济发展和生态保护,长江国家文化公园建设侧重于历史传承与文化保护。众所周知,经济基础决定文化建设。经济越发达,文化越繁荣;国家文化公园建设是长江经济带建设的精神支撑和力量凝聚。"两个建设"相辅相成、相互协调,互为支撑、互相促进,互为补充、融合发展,是关系国家发展全局的重大举措,对于建设文化强国,实现中华民族伟大复兴具有重要意义。

　　长江经济带横跨中国东、中、西三大区域,是具有全球影响力的内河经济带、东中西互动合作的协调发展带、沿海沿江沿边全面推进的对内对外开放带,也是生态文明建设的先行示范带。长江经济带覆盖上海、江苏、浙江、安徽、江西、湖北、湖南、重庆、四川、贵州、云南 11 个省(市),面积约 205.23 万平方千米,占全国的 21.4%。按上、中、下游划分,下游地区包括上海、江苏、浙江、安徽 4 省(市),面积约 35.03 万平方千米,占长江经济带的 17.1%;中游地区包括江西、湖北、湖南 3 省,面积约 56.46 万平方千米,占长江经济带的 27.5%;上游地区包括重庆、四川、贵州、云南 4 省(市),面积约 113.74 万平方千米,占长江经济带的 55.4%。

　　2016 年 9 月发布的《长江经济带发展规划纲要》,确立了长江经济带"一轴、两翼、三极、多点"的发展新格局:"一轴"是以长江黄金水道为依托,发挥上海、武汉、重庆的核心作用,推动经济由沿海溯江而上梯度发展;"两翼"分别指沪瑞和沪蓉南北两大运输通道,这是长江经济带的发展基础;"三极"指的是长江三角洲城市群、长江中游城市群和成渝城市群,充分发挥中心城市的辐射作用,打造长江经济带的三大增长极;"多点"是指发挥三大城市群以外地级城市的支撑作用。2018 年 11 月,中共中央、国务院明确要求充分发挥长江经济带横跨东、中、西三大板块

的区位优势，以"共抓大保护、不搞大开发"为导向，以生态优先、绿色
发展为引领，依托长江黄金水道，推动长江上、中、下游地区协调发展和
沿江地区高质量发展。长江经济带在引领长江流域经济社会发展的同时，
必将促进长江国家文化公园的大建设、大发展、大提升，更加彰显长江流
域的文化魅力，有助于坚定中华民族的文化自信，增强民族向心力和国家
认同感。

~~~~~~~~~~~~~~~~~~~~~~~~~~~~~~~~~~~~~~~ **5**

长江三角洲发展与长江国家文化公园有什么关系？

从中国地图可见，长江三角洲位于长江的下游和出口，是长江文化带
建设的龙头和引擎，因此长江三角洲区域一体化和城市群发展是长江国家
文化公园建设的重大机遇和重要牵动。

长江三角洲是我国最大的河口三角洲，属于我国东部亚热带湿润地区，
四季分明，水系发达，淡水丰沛，地势平坦，土壤肥沃，港口岸线及沿海
滩涂资源丰富，具有适宜发展的自然条件。该地区较早地建立起社会主义
市场经济体制基本框架，是完善社会主义市场经济体制的主要试验地，是
我国经济发展最活跃、开放程度最高、创新能力最强的区域之一。

长三角城市群是世界第六大城市群，是"一带一路"与长江经济带的
重要交汇地带，是我国改革开放的前沿和现代化建设的领军地区，是我国
参与国际竞争的重要平台、经济发展的重要引擎、长江经济带的引领者。

2016 年 5 月 11 日，国务院常务会议通过的《长江三角洲城市群发展规划》包含上海，江苏省的南京、无锡、常州、苏州、南通、盐城、扬州、镇江、泰州，浙江省的杭州、宁波、嘉兴、湖州、绍兴、金华、舟山、台州，安徽省的合肥、芜湖、马鞍山、铜陵、安庆、滁州、池州、宣城 26 个城市，要求到 2030 年建设面向全球、辐射亚太、引领全国的世界级城市群。长三角城市群集中了大批高等院校和科研机构，有全国约 1/4 的"双一流"高校，年研发经费支出和有效发明专利数均占全国 1/3 左右，拥有上海、南京、杭州等科教名城，以及南京、苏州、镇江、扬州、南通、徐州、淮安、杭州、宁波、绍兴、金华、衢州等国家历史文化名城，人力资源优势显著，文化底蕴深厚，这对于长江国家文化公园建设具有很大推动作用。

2019 年 5 月 13 日，经中共中央政治局会议通过，由中共中央、国务院于 2019 年 12 月印发实施的《长江三角洲区域一体化发展规划纲要》，明确规划范围包括上海市、江苏省、浙江省、安徽省全域，面积 35.8 万平方千米。以上海市，江苏省南京、无锡、常州、苏州、南通、扬州、镇江、盐城、泰州，浙江省杭州、宁波、温州、湖州、嘉兴、绍兴、金华、舟山、台州，安徽省合肥、芜湖、马鞍山、铜陵、安庆、滁州、池州、宣城 27 个城市为中心区，面积 22.5 万平方千米，辐射带动长三角地区高质量发展，推动长江三角洲一体化发展，这对于增强长江国家文化公园的创新能力和竞争能力，意义重大。

从区位优势上讲，长江三角洲地处我国东部沿海地区与长江流域的接合部，拥有面向国际、连接南北、辐射中西部的密集立体交通网络和现代化港口群，经济腹地广阔。该地区位于亚太经济区、太平洋西岸的中间地带，处于西太平洋航线要冲，具有成为亚太地区重要门户的优越条件。以仅占我国 2.1% 的区域面积，集中了我国 1/4 的经济总量和 1/4 以上的工业增加值，被视为中国经济发展的重要引擎。因此，长江三角洲城市群建设和长江三角洲区域一体化发展，对推动长江国家文化公园高质量建设具有特别重要的价值和作用，对提升长江文化带的国际地位和世界声誉有着重大意义。

6

长江上游的成渝地区双城经济圈是怎么回事？

成渝地区双城经济圈位于长江上游，地处四川盆地，东邻湘鄂，西通青藏，南连云贵，北接陕甘，是我国西部地区发展水平最高、发展潜力较大的城镇化区域，与长江三角洲形成"君住长江头、我住长江尾"的格局。"一头一尾"共同构成长江国家文化公园建设的牵引力和推进力。

党中央、国务院历来高度重视长江上游地区发展。2020 年 1 月 3 日，中央财经委员会第六次会议做出推动成渝地区双城经济圈建设、打造高质量发展重要增长极的重大决策部署。2021 年 10 月，中共中央、国务院印发《成渝地区双城经济圈建设规划纲要》，要求各地区各部门结合实际，认真贯彻落实。规划范围包括重庆市的中心城区和万州、涪陵、綦江、大足、黔江、长寿、江津、合川、永川、南川、璧山、铜梁、潼南、荣昌、梁平、丰都、垫江、忠县等 27 个区（县），以及开州、云阳的部分地区，四川省的成都、自贡、泸州、德阳、绵阳（除平武县、北川县）、遂宁、内江、乐山、南充、眉山、宜宾、广安、达州（除万源市）、雅安（除天全县、宝兴县）、资阳 15 个市，总面积 18.5 万平方千米，2019 年常住人口 9600 万人，地区生产总值近 6.3 万亿元，分别占全国的 1.9%、6.9%、6.3%。建设总体要求是"一极一源、两中心、两地"，在我国西部形成高质量发展的重要增长极和新的动力源，建设具有全国影响力的重要经济中心、科技创新中心，建设改革开放新高地、高品质生活宜居地。成渝地区双城经济圈位于"一带一路"和长江经济带交汇处，是西部陆海新通道的起点，具有连接西南和西北，沟通东亚与东南亚、南亚的独特优势。区域内生态禀赋优良、能源矿产丰富、城镇密布、风物多样，是我国西部人口最密集、产业基础最雄厚、创新能力最强、市场空间最广阔、开放程度最高的区域。此战略是构建以国内大循环为主体、国内国际双循环相互促进的新发展格局的重要举措，在长江国家文化公园建设和国家发展大局中具有独特且重要的战略地位。

　　成渝地区双城经济圈是长江国家文化公园的重要支撑和重要节点。把"成渝地区双城经济圈"分解来看，关键词是"成渝地区""双城"和"经济圈"，核心是"城"和"圈"。"成渝地区"指成都与重庆两大极核城市构成的行政区域，"城"的内核是"人"，"圈"的内核是"业"，要求产城共融，把"双城"变"双赢"，成渝这一对"双子座"要奏好"同心曲"，"双星辉映""互相朝拱"，唱好"双城记""双赢记"。注重打造改革开放新高地，推动基础设施互联互通，打破成渝地区行政壁垒，共建长江上游生态屏障，努力释放"双核共振"张力，在"双核"同城化、一体化、有机化发展中实现长江国家文化公园建设的同步提升。

~~~~~~~~~~~~~~~~~~~~~~~~~~~~~~~~~~~~~ 7

我们与长江国家文化公园有什么关系？

"你从远古走来，巨浪荡涤着尘埃；你向未来奔去，涛声回荡在天外。你用纯洁的清流，灌溉花的国土；你用磅礴的力量，推动新的时代。我们赞美长江，你是无穷的源泉；我们依恋长江，你有母亲的情怀。"当深情而壮阔的《长江之歌》响起，总能激起我们澎湃的激情。凝望长江之水，那是我们民族的血液，长江是我们民族生长的摇篮。我们的祖先依偎着长江，长江滋养着中华儿女。

随着长江流域"共抓大保护、不搞大开发"举措的深入实施，国家将统筹长江上中下游、左右岸、水表水下，严控点面源污染，强化沿江生态修复和保护，长江将再现"天门中断楚江开，碧水东流至此回。两岸青山相对出，孤帆一片日边来"的大美景象。我们可以在游览长江大好风光中，感受生态之美、自然之美。

随着长江国家文化公园的建设推进，国家将依托长江黄金水道，大力统筹公路、铁路、水路、民航、管道等各种运输方式的发展，形成网络化、标准化、智能化的综合立体交通走廊，长江将成为承东启西、接南济北、通江达海，与"一带一路"及世界各地互联互通的国际综合运输大通道，我们可以体验唐代诗人李白"朝辞白帝彩云间，千里江陵一日还。两岸猿声啼不住，轻舟已过万重山"的感受。四通八达的交通网络，必将推动长江沿岸旅游业的全面发展。游览长江国家文化公园的各处美景，你会感受到巴蜀文化、荆楚文化、吴越文化等的亮点与精彩，每一种文化里蕴含的不同民族精神，以及中华文化的博大精深。同时，你会看到长江流域那些大企业和大工程，像攀钢、武钢，以及三峡水电工程与长江上游的白鹤滩、乌东德、溪洛渡、向家坝、二滩等大型水电站，体味新时代产业工人和国有大型企业以民族振兴为己任的精神。经过多年的发展，长江两岸结出了一颗颗色彩斑斓的城市明珠，从上游到下游，从南边到北边，如果把它们穿在一起，就恰似一串璀璨的项链，镶嵌在中华大地上。长江流域的每一座城市，都有自己的品格、自己的精神，那灿烂的城市群就是由长江汇集起的一曲民族颂歌。

在长江国家文化公园建设中，国家将把长江经济带、长江三角洲一体化、成渝地区双城经济圈与西部大开发、中部崛起等战略一同推进，注重建设与运营并举、文化与旅游融合、事业与产业协同，社会效益和经济效益并重，把文化建设、旅游开发和经济社会发展统筹起来，让沉睡的长江文化资源活跃起来，让潜在的优势发挥出来，让分散的力量汇聚起来，促进长江沿岸全面振兴。不久的将来，长江必定散发出更加耀眼的光芒，人们可以在如诗的画廊中漫步，在如歌的行板中穿行，尽情共享这条具有深厚历史文化底蕴的生态河、科技河、幸福河！

8

"长江"和"扬子江"的名字是怎么来的?

　　长江之水，百转千回地流淌到今天，滋养了中国 1/5 的陆地面积，接纳 700 多条支流，奔腾 6397 千米，它是中华民族的母亲河，也是世界第三长河。长江不同的江段有许多不同的名称，这是根据不同地区人们的习惯称呼而来的。总体来看，因为长江的长度在中国是第一，所以叫"长江"。

　　长江从各拉丹冬峰的姜根迪如冰川发源时，仅是一股由冰川融水汇成的溪流，后与巴冬山下的冰川融水汇合，形成了河道开阔、水流交织的长江正源——沱沱河（长江源头区的河流）。长江源头的确立，使得长江正式取代美国的密西西比河，成为仅次于非洲尼罗河与南美洲亚马孙河的世界第三长河。沱沱河深藏青藏高原腹地，其名源自蒙古语，意思是"缓慢的红江"，从唐古拉山脉主峰海拔 6621 米的各拉丹冬雪山的西南侧起，穿过雪山与谷地，全长 358 千米，于囊极巴陇附近接纳右岸支流当曲后汇为通天河。传说《西游记》中著名的"过渡晒经"的章节就发生在这里。

通天河段在当曲河口至青海玉树巴塘河口之间，长江在巴塘河口至四川宜宾岷江口之间因沿河盛产沙金而被称为"金沙江"。金沙江坡陡流急，拥有丰富的水能资源，其蕴藏量达 1.124 亿千瓦，约占全国的 16.7%。金沙江进入四川盆地，在宜宾与岷江汇合后，万里长江才开始正名，宜宾也被誉为"万里长江第一城"。

长江各河段因流经地域不同而名称各异。其中，四川宜宾至湖北宜昌段，因长江大部分流经四川省境，俗称"川江"。川江流域上段为富饶的四川盆地；下段为奇险的长江三峡，又因山峦夹峙、水流湍急，有"峡江"之称。湖北枝城至湖南岳阳城陵矶段，因长江流经古荆州地区，俗称"荆江"。荆江下段河道蜿蜒曲折，素有"九曲回肠"之名，河道弯曲导致洪水宣泄不畅，极易溃堤成灾，故有"万里长江，险在荆江"一说。

江苏南京直至长江入海口的江段才是大名鼎鼎的"扬子江"，因古有扬子津渡口而得名。唐代李益《长干行》一诗中写道："忆妾深闺里，烟尘不曾识。嫁与长干人，沙头候风色。五月南风兴，思君下巴陵。八月西风起，想君发扬子。""发扬子"即从金陵长干里，今南京城南中华门与雨花台山岗之间的平旷地带出发。诗中的"扬子"指南京段长江，也就是说，"扬子江"大致是南京以下的长江江段的统称。扬子鳄因为生活在长江中下游，所以被称为"扬子鳄"。近代以来，西方传教士最先听到当地人称长江为"扬子江"，就把这一称呼介绍到西方，因此误将"扬子江"

当作长江的通称。

　　长江因数次地壳运动而形成。距今 2 亿年前,长江流域的绝大多数地区都处在古地中海中,其中西藏、云南西部、青海南部,以及湖北西部长江三峡和四川盆地等都在海水淹没之中。发生在 1.8 亿年前的印支造山运动使得山脉突起、高原呈现,开始出现了昆仑、横断等山脉;秦岭突起,古地中海西退,长江中下游南半部隆起成为陆地,云贵高原开始呈现;在横断山脉、秦岭和云贵高原之间有一些断陷盆地与槽状凹地被一条水系串联着,从东向西,经南涧海峡,流入古地中海,这是古长江的雏形,其水流流向与今日长江正好相反。距今 1.4 亿年的燕山运动,在长江上游形成了唐古拉山脉;青藏高原缓缓抬高,褶皱形成许多高山深谷、洼地和裂谷;长江中下游大别山和川鄂间巫山等山脉隆起,四川盆地凹陷。距今 1 亿年的白垩纪时,四川盆地缓缓上升,云梦、洞庭盆地下沉;湖北西部的古长江逐渐发育,向四川盆地溯源伸长。距今 4000 万—3000 万年前,发生强烈的喜马拉雅运动,青藏高原隆起,古地中海消失,长江流域普遍间歇上升,西高东低的地势逐步形成;金沙江两岸高山突起,青藏高原和云贵高原显著抬升,同时形成了一些断陷盆地;河流强烈下切作用,出现了许多深邃险峻的峡谷,原来自北向南流的水系相互归并,顺地势折向东流,长江中下游上升幅度小,形成中低山和丘陵,有些低凹地带下沉为平原。距今 300 万年前,喜马拉雅山又强烈隆起,长江流域西部进一步抬高,从湖北伸向四川盆地的古长江溯源侵蚀作用加快,切穿巫山,使东西古长江贯通一气,江水浩浩荡荡,注入东海,形成今日之长江。

◎ 延伸阅读

长江的年龄

　　这个问题一直存在争议,成为科学界一个著名的"世纪谜题"。包括著名地质学家丁文江、李四光在内的许多科学家都对长江的形成年龄和演化历史进行过专门研究。目前国内学术界普遍认为长江形成于距今 200 万—100 万年的更新世[①]。时任南京师范大学地理科学学院院长郑洪波教授却认为，长江的"年龄"应指从青藏高原奔流而下注入东海的贯通东流水系的形成年代。经过十余年的研究，他提出长江贯通东流的时间距今约 2300 万年前。这一研究成果刊登在 2013 年 5 月出版的美国《国家科学院学报》（PNAS）上，成为封面文章。

~~~~~~~~~~~~~~~~~~~~~~~~~~~~~~~~~~~~~ 9

长江之源在哪里？徐霞客的贡献是什么？

古人对于长江源头的探索有相当长的一段历史。先秦时期的地理著作《尚书·禹贡》有"岷山导江"的记载，这 4 个字被解读为岷江是长江的源头。由于《尚书》的权威性，"岷江是长江的源头"便成为千百年来的主流观点。一直到明崇祯十一年（1638），大旅行家和地理学家徐霞客经过 4 年的云贵之行，得出金沙江才是长江正源的结论，虽然他并未探索到真正源头，却为探索长江源头指明了正确的方向。1638 年，徐霞客通过现场考察和参阅前人笔记，发现沿长江上行可以到达旧称为"叙州"的四川宜宾——金沙江和岷江的交汇地。从流程来看，金沙江长于岷江，舍弃流程较远的

---

① 延续时间自 258 万年前始，到 1.1 万年前结束，此时生物群面貌基本更新，有 95% 以上属种与现今相似，故名。

金沙江，而把较近的岷江看作长江本源，这种推断显然是错误的。于是他得出结论"故推江源者，必当以金沙为首"，徐霞客将自己的思考和推测记录在了一篇名为《溯江纪源》的文章中，这是徐霞客一生中延续时间最长、耗费精力最多的研究课题，也是他一生地理考察的封笔之作。为了证实该判断，徐霞客继续沿金沙江逆流而上，遗憾的是，当他到达丽江时，却因身体原因再也无法前行。徐霞客虽然并未探索到长江的源头，但他的考察却大大推进了长江源的探索进程。在徐霞客离世336年之后的1977年，由长江流域规划办公室等机构联合组成的江源考察队，深入青藏高原腹地进行探源，最终确认长江发源于"世界屋脊"——青海省南部唐古拉山脉各拉丹冬峰西南侧，冰川融水汇成的涓涓细流就是长江的正源——沱沱河。

国际上有关河流正源并无公认的标准，大多数研究者遵循"河流唯远"的原则。20世纪70年代，长江水利委员会委托中国科学院地理所测量沱沱河和当曲的长度，测量结果为沱沱河长375千米、当曲长357千米，因此，沱沱河成为长江的正源。虽然后来沱沱河的长度被更正为358千米，但仍是两条河流中较长的那一条。

2000年，中国科学院遥感应用研究所刘少创研究员带领调研小组，利用卫星遥感应用技术测量长江长度。经过反复测量与计算机的多次运算

图1-1 长江源

和几何纠正，最终得出结果：当曲长 360.8 千米，比沱沱河还要长 3.2 千米。据此，刘少创研究员认为长江的正源应是发源于唐古拉山北麓的当曲。

~~~~~~~~~~~~~~~~~~~~~~~~~~~~~~~~~~ # 10

长江与黄河这两条"母亲河"有什么"性格"差异？

长江与黄河如同两条巨龙，流淌在北纬 30°—40°线之间这个诞生人类的最佳区域，延续着中华民族的世代血脉，孕育出辉煌灿烂的中华文明，成为中华民族的两大"母亲河"。但它们之间却有着自然地理、经济地理和人文地理方面的明显差异。

一是自然地理的差异。从水系水文特征看，长江河道呈"VW"字形，而黄河河道呈"几几"字形；长江全长 6397 千米，流域面积为 180 万平方千米，年径流量为 9600 亿立方米，为中国第一；而黄河全长 5464 千米，流域面积为 75 万平方千米，年径流量为 580 亿立方米，为中国第二大河。长江流域位于秦岭—淮河以南，中下游属亚热带季风气候，属南方地区；而黄河流域位于秦岭—淮河以北，下游属温带季风气候，属北方地区。长江通航里程数高达 64833 千米，素有"黄金水道"之称；而黄河因季节性水流量差异较大，通航里程仅为 3533 千米。总而言之，长江与黄河的水系水文特征差异明显。

二是经济地理的差异。长江流域大部分位于较低纬度地区，属亚热带季风气候，以水稻土为主，利于春小麦、水稻等农作物的种植。自然地理的差异，必然会影响区域社会经济发展要素、产业结构、科技创新上的差异。及至今日，上海、重庆、成都、武汉、南京已跻身于全国十大城市之列，成渝城市群、长江中游城市群、长三角城市群已在全国城市群版图中占据重要位置，流域人口已占到全国的1/3。根据2023年政府工作报告，在绿色发展理念的指引下，长江经济带的国内生产总值（GDP）逐年上升，从2017年38.22万亿元，占全国45.9%，上升至2022年56万亿元，占全国46.3%，经济增速持续领先，发展优势明显。而黄河流域的经济社会发展相对滞后，流域内部发展差距较大。另外相关统计显示，截至2019年，黄河流域人口总量为3.24亿人，GDP总量为19.4万亿元，占全国GDP总量的比重为21.55%，与长江流域发展相比，经济差距较为明显。

三是人文地理的差异。发源于青藏高原的长江、黄河，犹如中华民族文明的两条主动脉、主经络，在秦岭的南北两侧蜿蜒伸展，分别孕育以巴蜀文化、荆楚文化、湖湘文化、吴越文化等为代表的长江文明和以中原文化、秦陇文化、齐鲁文化等为代表的黄河文明。在相当长的时间里，两大文明以极强的包容性和强大的生命力，互不统属、并行发展，各具体系、

图 1-2 黄河源

各领风骚，各自创造出辉煌的早期文明。随着军事上黄帝打败炎帝和蚩尤，成为中华文明最早的主宰；政治上建国定都，出现夏商周三代；经济上长期稳定，促进关中地区的开发和发展；文化上以孔、孟为代表注重实际的入世心态，代表着封建阶级先进文化的发展方向，这些都有力地促进了北方经济迅速发展，并随着秦始皇统一中国而高度发达，使得龙这种黄河流域的图腾崇拜，经过数千年的创造、演进、融合，最终升华为中华民族的精神象征、文化标志、信仰载体和情感纽带。及至汉灭秦后，长江流域深受黄河流域经济文化的影响，两者深度融合，成为中华文化的重要组成部分，促进了长江流域的政治、经济、文化的加速发展。

◎ 延伸阅读

长江与黄河：中华民族文化基因的双股螺旋结构

母亲河，主要指对沿河城乡居民生产、生活及区域水安全保障有着巨大影响，对所在区域地形地貌发育演化、生态系统演变、经济社会发展格局构建、人类文明孕育、文化传承和民族象征等起重大作用的河流或湖泊。长江与黄河通过支流和山脉发生耦合作用，构成了中华民族文化基因的双股螺旋结构，具有遗传、变异、修复、重组、连锁、交换等生物学特性，铸就了五千年中华文化从未断代、长盛不衰的传奇，演绎出历久弥新、光耀时代的辉煌，成为中华文化自信自强的原根、中华民族生生不息的本底、中国人民不可战胜的硬核。因此，长江与黄河被亲切地称为中华民族的"母亲河"。

汉江：长江与黄河的纽带

汉江，发源于秦岭南麓，干流自西向东横穿陕西省汉中盆地，流经湖北省江汉平原，于武汉汇入长江，支流伸入今甘肃、四川、重庆、河南 4 省（市），全长 1577 千米，是长江最长的支流（其流域面积在 1959 年府河改道之前亦居长江支流之冠）。汉江作为连接长江、黄河两大流域的纽带由来已久。在新石器时代，长江中游和黄河中游两个地区的原始文化虽有各自显著的特征和源流，但存在着密切的联系，频繁的交流与相互融合使两地文化出现了许多共同的特征。从两大流域已出土的器物之上，我们甚至能够看到两地文化交流与融合的迹象。在此过程中，汉江起到了重要的纽带作用。

11

为什么长江流域的恐龙化石非常多？

恐龙是生活在陆地上的大型爬行动物，必须有一块可以落脚的陆地。长江流域的地形地貌和环境的形成与恐龙出现和活跃的时期刚好契合，从三叠纪末期开始的印支造山运动到白垩纪时期的四川盆地上升，长江流域陆地板块的形成给恐龙提供了良好的生存繁衍环境，这是长江流域存在众多恐龙化石的重要原因，我国也因此成为发现恐龙化石最多的国家。

其中，四川盆地侏罗纪的恐龙化石埋藏丰富，门类齐全，地理分布十分广泛，多年来不断有零星化石发现和出土的报道。俗话说："四川恐龙多，川南是个窝。"在四川南部的井研、荣县、威远、南溪、自贡、宜宾、珙县等地，都发现了许多的大型恐龙化石。

自贡恐龙化石 自贡恐龙最早由美国地质学家劳德伯克于1913—1915年间发现。自贡共有160余处恐龙化石产出地，以大山铺最负盛名。

大山铺被称为"恐龙公墓",发掘出几乎各类恐龙(蜥脚类、肉食龙类、鸟脚类和剑龙类)保存非常完整的骨架,此外还有大量其他脊椎动物化石。自贡发现的恐龙,其时代从侏罗纪早期、中期一直到晚期,填补了世界范围内侏罗纪早中期恐龙化石稀少的缺环,再加上自贡发现的恐龙化石数量之多、保存之完整为世界所罕见,所以自贡恐龙世界闻名。

　　珙县恐龙化石　1997 年,周凤云等人在四川省珙县石碑乡开展地质调查时,于下侏罗统自流井组东岳庙段中发现了数量丰富、保存完好的恐龙化石。经初步研究,这批化石属原始的蜥脚类和兽脚类,共有 5 条以上完整或较完整的个体,是早侏罗世恐龙史上最重要的发现之一。

　　云阳恐龙化石　地处四川盆地东部边缘的云阳,也发现了大量恐龙化石。2015 年 1 月,云阳县清水土家族乡一位青年农民在普安乡老君村一处山坡上发现了少量的骨头状石头。由此,一段震惊世界的侏罗纪恐龙墙逐渐揭开了神秘面纱。这就是古巴蜀湖流域孕育而出的云阳恐龙动物群,包括普安云阳龙、磨刀溪三峡龙、普贤峨眉龙和元始巴山龙等在内的一大堆"恐龙明星"从这里破土而出。这里不仅保存了迄今为止世界上单体最大的侏罗纪恐龙化石墙,还发现了代表世界恐龙演化重要阶段的重庆云阳新田沟组恐龙动物群。这是长江流域古生物发现的一个里程碑,更是长江流域恐龙化石规模最大、种类最多、科学价值最高的代表,云阳因此成为长江流域最重要的恐龙文化腹地。2020 年 3 月,云阳普安恐龙地质公园被国家林草局授予"国家地质公园"的称号。

12

~~~~~~

长江流域为什么有那么多旧石器时代遗址？新石器时代遗址分布状况如何？

　　长江流域是早期人类生存和演化的重要地区之一。旧石器时代遗址的分布规律是西部的时代早，东部的时代晚，南部的时代早，北部及东北地区的时代晚。早期古人流动和迁徙的规律，大体和旧石器时代遗址的分布规律一致。

　　旧石器时代，生产力低下，原始人类主要依赖捕鱼、畜牧、种植等简单劳作生存，对水资源、土地资源要求较高。而黄土高原气候干燥多风，中原的大河、河谷地带洪水经常泛滥，显然不利于人类的生存。相比之下，长江流域的自然条件更为优越，气候适宜，土地肥沃，更有利于远古人类的生产和生活。因此，在长江流域留下了众多的旧石器时代遗址。根据四川省文物考古研究院提供的资料，截至 2021 年 7 月，仅四川省就发现了80 多处旧石器时代遗址，包括然德则、卡娘溶洞、富林、眉山等遗址，其中在川西高原就有 60 多处旧石器时代遗址。

　　古人类的迁徙和旧石器时代遗址的分布规律，直接影响到新石器时代遗址的分布。新石器时代大约开始于 1 万多年前，结束时间从距今 5000多年至 2000 多年，是以使用磨制石器为标志的人类物质文化发展阶段。长江流域中下游都已发现重要遗存，包括四川、湖南、湖北、江西、江苏、浙江、上海等地，新石器时代遗址丰富，有湘南道县玉蟾岩洞遗址、湖南澧县彭头山遗址、湖南石门皂市遗址、湖北枝城城背溪遗址、四川巫山大溪遗址、湖北京山屈家岭文化遗址、江西仙人洞遗址、江西修水山背文化

遗址、浙江余姚河姆渡遗址、浙江嘉兴马家浜遗址、浙江余杭良渚遗址等
十余处大型遗址。

特别值得一提的是，长江中游的新石器时代遗址几乎遍布江汉地区，
尤以江汉平原分布为密，仅湖北已发现的新石器时代遗址就有 450 多处，
经发掘和试掘的有 60 多处，多集中分布在汉江中下游和长江中游交汇的
江汉平原上。早中晚期文化特征都具备的屈家岭文化，以薄如蛋壳的小型
彩陶器、彩陶纺轮、交圈足豆等为主要文化特征，还出土有大量的稻谷及
动物遗骸，畜牧业也有相应发展，饲养的动物种类增多，并已有了渔业。

~~~~~~~~~~~~~~~~~~~~~~~~~~~~~~~~~~~ # 13

被誉为"人类起源的新光芒"的长江流域有哪些古人类？

逐水而居是人类的天性。经考古发现，长江流域有着丰富的古人类遗
址，早在 200 多万年前，长江流域就有远古人类居住，并创造了丰富的远
古文化，被誉为"人类起源的新光芒"[1]。就目前长江流域发现的古人类
化石地点来看，主要有巫山人、元谋人、资阳人、长阳人、南京猿人等。

巫山人是我国境内已知最早的人类。巫山人化石是 1985 年考古工作
者在重庆市巫山县庙宇镇龙坪村龙骨坡发现的，当时发掘出一段带有两颗
臼齿的残破能人[2]左侧下颌骨化石，以及一些有人工加工痕迹的骨片。巫

---

[1] 李学勤、徐吉军主编：《长江文化史》，长江出版社 2019 年版。
[2] 早期猿人化石代表。

山人化石的发现是 20 世纪中国最重要的考古发现之一。1991 年，中国科学院先后经过孢粉分析、古地磁等方法测定，其地质年代确定为更新世早期，距今约 204 万年。其后，美国、英国等科学家用最先进的电子自旋共振法测定，将其年代确定为 200 万年前。最新研究表明，龙骨坡遗址中含巫山人化石地层的地质时代为距今 214 万年前，比之前 204 万年的结论提前了 10 万年。无论是 204 万年，还是 214 万年，这一年代都毫无疑问地向世界证实了巫山人是目前亚洲发现的早期人类代表之一。1996 年，重庆市巫山县大庙镇龙骨坡被国家正式批准为第四批国家级重点文物保护单位。

元谋人是长江流域有突出代表性的古人类。1965 年 5 月 1 日，中国科学院地质力学研究所一个野外调查组在元谋盆地进行地质考察，在上那蚌村与大那乌村之间的一个小山丘上发现了两枚古人类牙齿化石。1972 年，我国著名古生物学家、古人类学家胡承志发表研究报告，定名为直立人元谋亚种，即元谋直立人，一般称为"元谋人"（元谋猿人）。元谋人年代久远，保留着不少原始特征，属于早期从猿进化而来的直立人，是迄今所发现的中国境内最早的直立人。元谋人及后面一系列的重要发现，使人们清楚地认识到，早在 200 多万年前，长江流域就有远古人类居住，并创造了丰富的远古文化。

资阳人属于晚期智人，是中国西南地区旧石器时代晚期的人类化石。1951 年有关部门于资阳县（今资阳市）资阳火车站以西 1.5 千米的黄鳝溪（今九曲河）修建成渝铁路铁路桥时，在一号桥墩基坑地下 8 米处意外发现了一块古人类化石。随后考古工作者裴文中主持发掘，又出土一件骨锥。经过初步测年，头骨距今大约 3.5 万年，地质为晚更新世，命名为"资阳人"。资阳人头骨化石是新中国成立以后发现的第一颗头骨化石，是中国发现的唯一早期真人类型、旧石器晚期的真人类化石、南方人类的代表，也是中国古人类发现中唯一的女性。

长阳人是长江以南最早发现的远古人类之一。1956 年，湖北省长阳土家族自治县大堰乡钟家湾村有一个被称为"龙洞"的石灰岩洞穴，因当地群众为集体找副业门路，在洞内挖"龙骨"出售，从而发现了一块人的上颌骨化石并附有两枚牙齿。后经年代测定，不少于 19.5 万年，为更新世中期的后期古人类化石，迟于马坝人，早于丁村人，并被著名考古学家、中科院院士贾兰坡教授命名为"长阳人"。长阳人不仅具有现代人的特征，而且也有一定程度的原始特征。长阳人的问世，说明了长江流域以南的广阔地带同黄河流域一样，也是中国古文化发祥地、中华民族诞生的摇篮。

南京猿人也被称为"南京汤山人"，是中国古人类研究及旧石器时代考古领域具有世界意义的重大发现。1993 年，南京猿人化石在江苏省南京市江宁县汤山镇西南雷公山上的葫芦洞（奥陶纪灰岩溶洞）中被发现，先后出土一对男女头盖骨，相隔仅 5 米。该洞又被称为"南京猿人洞"，成了全球唯一的同一化石点发现两个人种的地方，也为人类多地起源论提供了有力依据。南京猿人在地质时代上属中更新世，由于测定方法的不同，其绝对年龄测定的数据有 12 万—18 万年和 29 万—40 万年两种说法；也有专家认为依共生动物群，与周口店第一地点相近，判断其总体时代应在 50 万年左右。南京猿人化石的发现，对于研究中国古人类分布演化，以及更新世人类生存环境特别是长江中下游的环境，具有重要的历史价值和科学价值。

14

长江历史上发生了哪几次大的水患？

根据《禹贡》《山海经》《竹书纪年》《尔雅·释地》《周礼·职方》《汉书·地理志》《水经注》《元和郡县图志》《太平寰宇记》等古籍史料记载，长江在历史上发生过多次水灾，大禹治水的故事就是例证。根据文献考证，从唐代到清朝，长江流域水患愈发严重；民国时期，每隔两年长江流域就有水患的威胁；新中国成立后，长江水患亦时有发生。

清道光二十九年（1849），长江中下游、太湖流域和淮河下游里下河地区洪水泛滥，江汉平原一片汪洋，洞庭湖区、鄱阳湖区堤垸大多溃决，湖南、湖北、江西、安徽、江苏、浙江 6 省 150 余县受灾。

清咸丰十年（1860），长江上中游普降暴雨，干流发生特大洪水。屏山、丰都、万县等十余个沿江州县被水围，城垣坍塌，房屋倒塌，人畜大量漂没。此次大水冲开了藕池口，大量洪水涌入洞庭湖，洞庭湖区大部被淹。

清同治九年（1870），长江发生了历史上最大的一场洪水，从四川盆地到长江中游平原湖区约 3 万平方千米的地区被淹，嘉陵江各河沿岸、重庆至汉口长江沿岸城镇农田普遍遭到淹没，合川、万县、丰都、宜昌等县尽成泽国。宜昌以下，堤垸普遍溃决。荆江南岸公安县"大水溃城淹平屋脊"，监利①以下荆江北岸堤垸多处溃决，江汉平原和洞庭湖区一片汪洋，189 个县受灾。

民国二十年（1931），长江洪涝灾害频发，中下游江段普遍决堤，江

---

① 位于湖北省南部、长江北岸，邻接湖南省。2020 年，监利获批撤县设市，由湖北省直辖，荆州市代管。

图 1-3 "大禹治水"主题浮雕壁画

汉平原、洞庭湖区、鄱阳湖区、太湖区大部被淹,武汉三镇受淹达 3 个月之久。湖南、湖北、江西、浙江、安徽、江苏、山东、河南 8 省合计受灾人口 5127 万,占当时人口的 1/4,受灾农田 973 万公顷,占当时耕地面积 28%,死亡约 40 万人,经济损失 22.54 亿元,是 20 世纪我国受灾范围最广、灾情最严重的一次大水灾。

1954 年,长江中下游发生特大洪水,湖北、湖南、江西、安徽、江苏 5 省有 123 个县市受灾,317 余万公顷农田受到影响,受灾人口 1888 余万,造成直接经济损失数十亿元,更对以后几年经济发展造成了很大的负面影响。

1998 年,长江发生特大洪灾,洪水量极大、涉及范围广、持续时间长、洪涝灾害严重,是一次全流域性大洪水。长江中下游干流沙市至螺山、武穴至九江共计 359 千米的河段水位超过了历史最高水位。鄱阳湖水系五河、洞庭湖水系四水发生大洪水后,长江上中游干支流又相继发生了较大洪水,长江上游接连出现 8 次洪峰。这次特大洪灾导致长江中下游干流和洞庭湖、鄱阳湖共溃垸 1075 个,淹没总面积达 32.1 万公顷,19.7 万公顷耕地受到影响,受灾人口达 229 万人。

◎ 延伸阅读

大禹

《尚书·禹贡》记载："岷山导江，东别为沱。"历代学者对这两句话的解读比较一致，认为大禹"导江"的地点就是四川岷山都江堰"离堆"（宝瓶口），"沱"就是成都市金堂县的"沱江"。2017 年 7 月 12 日，四川首批历史名人名单正式公布，大禹、李冰、落下闳、扬雄、诸葛亮、武则天、李白、杜甫、苏轼、杨慎 10 位历史名人入选，大禹居首位。黄帝、颛顼、帝喾、唐尧、虞舜史称"五帝"，都属于历史传说的人物。《山海经》《五帝本纪》记载，黄帝娶嫘祖（四川盐亭人）生昌意，昌意降居若水（今雅砻江、大渡河一带），昌意娶蜀山氏女昌仆为妻，生有一子颛顼（高阳），其后有大禹。据考证，大禹是古羌族。四川省的汶川、北川都有大禹出生的传说和记载，这些地方主要居住羌族。2011 年 6 月，阿坝州"禹的传说"入选第三批国家级非物质文化遗产名录。奉友湘等人的著作《蜀王全传》把大禹列为第一位蜀王。学界基本达成共识，即大禹出生于四川龙门山一带。

15

被誉为"保存完好的世界唯一古代水文站"在哪？

巴国故都涪陵，古称"涪州"，位于长江三峡库区上游，长江与乌江交汇处，是一座古老而富有活力的滨江城市。在这里，有一座古老而神秘的水文遗址，已在江水中沉浮、隐现了数千年，它就是白鹤梁。

　　白鹤梁古称"巴子梁"，是一道长约 1600 米、平均宽 15 米的天然巨型石梁，常年有白鹤群集梁上，相传古代道士尔朱通微修炼得道，在石梁上乘鹤仙去，"白鹤梁"由此得名。白鹤梁傍水而存，随波而卧。这道天然石梁由坚硬的砂岩和软质的页岩交互叠压，220 米长的中段岩面成为题刻的最佳选点，于是便产生了白鹤梁题刻。千百年来，生活在涪陵长江沿岸的先民们以白鹤梁上雕刻的石鱼为水标，观测长江水位的变化，石鱼出水则意味着丰收年景将至，当地有"江水退，石鱼见，即年丰稔"之说。

　　白鹤梁题刻具有重要的文化、科学、艺术价值。如今，白鹤梁上共有 165 段题刻，总计文字 1 万余字。题刻分布在石梁的各个位置，大部分时间淹没于水位线以下，冬季江水干枯时才显露水面。其中 108 段题刻内容与水文信息相关，是目前全球已知时间最早、延续时间最长、数量最多的水文题刻。唐代宗广德二年（764）前，白鹤梁水文站记载了距今 1200 多年间的 72 个枯水年份的水位信息，科学系统地反映了长江上游枯水年份水位的演变状况，是一座名副其实的古代水文站，被科学工作者称为"长江古代水文资料的宝库"。

　　由于长江三峡水利枢纽工程的修建，当三峡库区水位蓄水达到 175 米高程时，白鹤梁将淹没于 40 米深的水下，这些银钩铁画、琼章玉句面临永久隐没在江波之中的困境。保护白鹤梁题刻成为三峡文物保护工作者的一道难题。为此，国家专门建立了一支包含众多院士在内的专家队伍，经过长时间的调研分析，为避免转移和复制给文物带来的负面影响，最大限度地保护白鹤梁水文站举世无双的科研价值和艺术价值，专家们最后决定保护白鹤梁水文站的原址。1988 年，白鹤梁水文站成为长江三峡文物景观中仅有的全国重点文物保护机构。2003 年 2 月 13 日，白鹤梁原址水下保护工程开工建设，主要分为"水下博物馆""连接交通廊道""水中防撞墩"和"地面陈列馆"4 个部分。经过数年的严格建设和技术攻关，白鹤梁水下博物馆于 2009 年 5 月 18 日正式向公众开放。2006 年，白鹤梁题刻被国家文物局列入《中国世界文化遗产预备名单》。2008 年，被联合国教科文组织列入《世界文化遗产预备名单》，被誉为"保存完好的世界界唯一古代水文站"。

16

入列《世界遗产名录》的良渚遗址有何代表性？

良渚遗址是中华文明多元系统中具有显著代表性的一元，是距今约五千年前诞生在中华文明满天星斗中的一颗璀璨之星。该遗址由 4 个部分组成：瑶山遗址区、谷口高坝区、平原低坝－山前长堤区和城址区。大型土质建筑、城市规划、水利系统，以及不同墓葬形式所体现的社会等级制度，使得这些遗址成为早期城市文明的杰出范例，并以其时间早、成就高、内容丰富而展现出长江流域对中华文明起源阶段多元一体特征所做出的杰出贡献。

2019 年 7 月 6 日，良渚遗址成功入选《世界遗产名录》，成为中华文明探源工程的标志性成果之一，标志着中华五千年新石器时代的文化史得到了国际社会的认可。世界遗产委员会认为，良渚古城遗址（公元前 3300 年—公元前 2300 年）是中国长江下游环太湖地区的一个区域性早期国家的权力与信仰中心所在。它以规模宏大的古城、功能复杂的水利系统、分等级墓地（含祭坛）等一系列相关遗址，以及具有信仰与制度象征的系列玉器，揭示了中国新石器时代晚期在长江下游环太湖地区曾经存在过的一个以稻作农业为经济支撑，并存在明显社会分化和统一信仰体系的早期区域性国家，从而印证了长江流域对中华文明起源的杰出贡献。

自发现良渚遗址的 80 多年来，我国不断取得考古发掘和学术研究的重大成果。特别是近年来，随着良渚遗址学术研究国际参与的不断加强和良渚文明国际表达的持续丰富，"良渚声音"在世界范围内不断传播和扩大，良渚遗址作为实证中华五千多年文明史的圣地，其突出价值逐步得到了国内外学术界的高度关注和普遍认可。国际主流学术界已逐渐接受中华五千多年文明史的观点，这也是良渚古城遗址申遗对中华文明的重大意义。

~~~~~~~~~~~~~~~~~~~~~~~~~~~~~~~~~~~ **17**

稻城皮洛遗址为什么是"石破天惊"的发现？茂县营盘山遗址有何秘密？

四川稻城被称为"水蓝色星球最后一片净土"。皮洛遗址位于稻城县金珠镇，东距稻城县城约 2 千米，海拔 3700 多米。在这片高原秘境中，考古人员发现了 13 万年前旧石器时代的皮洛遗址。

2021 年 9 月 27 日，国家文物局举行"考古中国"重大项目进展工作会，首次对外发布了稻城皮洛遗址重要考古发现成果。在海拔 3750 米的青藏高原东麓、四川省甘孜藏族自治州稻城县的皮洛遗址中，四川省文物考古研究院及相关团队发现了东亚最精美的阿舍利技术遗存，此处出土的手斧、手镐、薄刃斧、大型石刀等石制品，也是目前东亚地区考古发掘到的形态最典型、制作最精美、技术最成熟、组合最完备的阿舍利遗存。这是一处多种文化因素叠加的罕见的超大型旧石器时代旷野遗址，也是目前在东亚发现的最典型的阿舍利晚期阶段的文化遗存，又是在世界范围内发现的海拔最高的阿舍利技术遗

图 1-4　稻城皮洛遗址（李贤彬 摄）

存。众所周知，高原属于剥蚀环境，很少能够有原生底层堆积并埋藏起来，而皮洛遗址保留了原生的地层。层层叠叠的地层，既表明当时环境的变化，也表明了人类在不同时期、不同环境下的生生不息。稻城皮洛遗址阿舍利文化遗存的发现，彻底回应了在中国乃至东亚地区有没有真正阿舍利技术体系的争议，填补了其在亚洲东部传播路线的空白环节，为认识远古人群迁徙和文化传播交流添上了浓墨重彩的一笔。

营盘山遗址位于阿坝州茂县凤仪镇南 2.5 千米，距今 5500—6000 年，是一处自新石器时代到明清时代的文化遗址。它是迄今岷江上游地区发现的地方文化类型遗址中面积最大、考古工作规模最大、发现遗存最为丰富的遗址，对探讨古蜀文化与马家窑文化和仰韶文化的关系具有重要的科学价值，是中国 21 世纪重大考古发现之一。这里出土的文物包括四川地区发现的最早的陶质雕塑艺术品、国内发现的时代最早的人工使用朱砂

的遗物、长江上游地区发现的时代最早及规模最大的陶窑址等，是厘清古代文化传播，民族形成、迁徙、交融等问题的关键，也是弄清营盘山遗址与成都平原和三星堆联系的桥梁。营盘山文化为研究长江文明与黄河文明之间的文化交流、传播及融合情况提供了新的实物材料，是长江文明与黄河文明之间文化交流融合的产物，在中华文明起源及早期发展的历史进程中占据较为独特的重要地位。

◎ 延伸阅读

阿舍利

　　对很多人来说，"阿舍利"是个陌生词。阿舍利是旧石器文化中的一个阶段，阿舍利手斧属于非洲和欧亚大陆西侧旧石器时代阿舍利文化类型的工具，因最早发现于法国的圣阿舍尔而得名。手斧是旧石器时代早期人类创造并使用的重要工具，具有对称性、多功能性，可用于砍伐、狩猎等，它被公认为人类历史上第一种标准化加工的重型工具，代表了古人类进化到直立人时期石器加工制作的最高技术境界。一直以来，在东亚地区发现的阿舍利遗存，无论是技术还是精美程度上都比西方典型的阿舍利石器粗糙许多。

~~~~~~~~~~~~~~~~~~~~~~~~~~~~~~~~~~~~~~~ # 18

三星堆遗址与金沙遗址出土了哪些惊艳世界的文物？两者之间有什么关联？

三星堆遗址被誉为"长江文明之源"。1929 年的一天，在中国西南一个叫广汉的地方，农民燕道城做梦都没想到，他农作时几锄下去，就敲开了一个沉睡了数千年的古国人门。之后，无数国内外考古学家，沿着他挖下去的地方，开始了对这个神秘王国的探索，他们进行了近一个世纪的考古发掘，大量的玉器、陶器、石器以及古房屋遗迹的出现，更让他们觉得离这个古国越来越近。几十年过去了，这个古国还是如梦一般让考古学家们着迷，对她的探秘从来就没有停歇。

三星堆遗址出土的文物是宝贵的人类文化遗产，在中国的文物群体中，属最具历史、科学、文化、艺术价值和最富观赏性的文物群体之一。在这批古蜀秘宝中，有高 2.62 米的青铜大立人，有宽 1.38 米的青铜面具，更有高达 3.95 米的青铜神树等，均堪称独一无二的旷世神品。而以金杖为代表的金器、以满饰图案的边璋为代表的玉石器，亦多属前所未见的稀世之珍。

三星堆遗址位于四川省广汉市西北的鸭子河南岸，是一座由众多古文化遗存分布点所组成的庞大遗址群。遗址群年代上起新石器时代晚期，下至商末周初，上下延续近 2000 年。三星堆遗址群出土的大量陶器、石器、玉器、铜器、金器，具有鲜明的地方文化特征，自成一个文化体系，已被中国考古学者命名为"三星堆文化"。三星堆遗址是公元前 16 世纪至公元前 14 世纪世界青铜文明的重要代表，对研究早期国家的进程及宗教意识的发展有重要价值，在人类文明发展史上占有重要地位。

　　1929 年，当一批玉石器从四川广汉流出时，人们就开始了探索三星堆的历程。1986 年，三星堆发掘 2 个祭祀坑，出土了青铜树人、大立人、纵目大面具，以及大玉璋、象牙等珍贵文物，震惊天下，被称为"20 世纪人类最伟大的考古发现之一"。2020 年，三星堆祭祀坑考古发掘工作重新启动，新发现了 6 个祭祀坑。2021 年，三星堆遗址重大考古发现对外揭晓——金面具残片、眼部有彩绘铜头像、青铜神树等重要文物，再次惊艳世界。经过几代考古人的不懈努力，诗仙李白笔下"开国何茫然"的古代蜀国历史正逐渐清晰。三星堆为已消逝的古蜀国提供了独特的物证，把四川地区的文明史向前推进了 2000 多年，并由金沙遗址接续谱写古蜀文明的历史长卷。

　　金沙遗址位于四川省成都市青羊区金沙村，经勘探发掘，金沙遗址的分布范围约为 5 平方千米，存在大型祭祀活动区、建筑基址区、居址区、墓地等重要遗存，出土珍贵文物数万件。其中，最具代表性的文物太阳神鸟金饰于 2005 年成为中国文化遗产标志的核心图案。成都金沙遗址的发现震惊海内外，被誉为"中国进入 21 世纪第一项重大考古发现"。从这里出土的大量文物，不仅填补了古蜀研究的空白，甚至改写了成都历史和四川古代史。从目前发现的遗迹和遗物推测，金沙遗址是三星堆文明衰落之后在成都平原兴起的又一个政治、经济、文化中心，是古蜀国从商代晚期到西周时期的都邑所在，也是中国先秦时期最重要的遗址之一。它的出现将成都的建城史从距今 2300 年左右提前到了距今约 3300 年。

　　目前的考古发掘和研究表明，三星堆文化与金沙文化存在显著的文化演变、吸纳与融合的态势，既有共性又独具个性。两者在祭祀文化、宗教信仰、出土器物的样式和风格上都有着惊人的相似，表明两者之间是一脉相承、同根同源的。三星堆与金沙一前一后，年代衔接，兴盛相续，共同

构成了古蜀联盟，号称"古蜀国"。两地出土的众多精美文物，充分体现
了古蜀人的智慧和创造精神，闪耀着古蜀文明的印记，标志着古蜀文明的
辉煌，承载着长江流域的古礼传统，是长江上游文明的典型代表、中华文
明史上灿烂的篇章。

19

长江流域内的主要稻作文化遗存有哪些？它们对当时的人口增长有什么贡献？

　　长江流域良好的自然环境，为人类农耕文明的发展提供了重要条件。
目前，全国考古发现早于 8000 年的水稻农业遗址一共有 16 处，其中 14
处遗址位于长江流域。长江流域稻作文化的历史可以追溯到一万年前，澧
县城头山不仅出土了水稻遗存，还发现了古老的稻田遗址，被考古学家称
作"城池之母、稻作之源"。长江流域的稻作文化被誉为"世界稻作之源"，
对世界文明具有深远影响。

　　长江稻作文化时间持久、分布广泛、水平极高，古老的稻作文化遗
存几乎是全流域、全时期的，上游有大溪地遗址，中游有屈家岭遗址，
下游有马家浜遗址和良渚遗址。1993 年在长江支流潇水边的道县玉蟾岩
发掘出的稻壳，经鉴定是有人类干预痕迹的野生稻。1995 年出土了距今
12000 多年的稻谷遗存和存放谷物的陶片，发掘出的稻谷，兼具野、籼、
粳的特征，初具栽培特征，这是世界上发现最早的人工栽培水稻标本之一。

玉蟾岩遗址因在世界稻作农业文明起源及人类制陶工业起源的过程中具有重要的地位，被誉为"天下谷源、人间陶本"。

　　江西万年县仙人洞、吊桶环两个遗址，湖南澧县彭头山水稻遗存，湖北宜都城背溪等地的水稻遗存，浙江余姚河姆渡水稻遗存等都是长江流域较早的水稻遗存，比上述几处遗存时代稍晚的大溪文化、屈家岭文化、石家河文化等新石器时代中晚期或晚期遗址，均出土过大量的稻谷、谷壳与稻草。

　　我国自西汉以后到明朝前期，人口始终在 5000 万上下浮动，人口总数一旦上升到五六千万的时候便进入停滞期。其中固然有战争、瘟疫等多方面原因，但制约人口大规模增长最主要的原因还是粮食供养能力的不足。明朝中后期人口能够跃上 5000 万台阶，长江流域的开发与水稻技术的提升是其中最重要的因素。江南水稻的单产要高于小麦，且南方稻作还发展出一年两熟的种植规律。正因为有了长江流域水稻大范围、成体量的供养能力，才得以弥补黄河流域小米、小麦对人口承载力供应不足的缺口。为应对这一缺口，需要把长江流域的粮食运到黄河流域，那么开凿一条连通南北的大运河就成为必然，因此大运河的产生、繁荣与长江流域的稻作文化是息息相关的。

20

~~~~~~~~~~~~~~~~~~~~~~~~~~~~~~~~~~~~

长江流域诞生了哪些重要历史人物?

　　"一方水土养一方人",这一句俗谚是说一定的环境造就一定的人才。长江流域地域广阔,仅从长江干流所处的地理区位便可划分为上游、中游和下游,不同地域的人,由于地理气候、所处环境、生活方式等不同,其为人处事、思想观念、性格特征、文化修为等存在差异。"大江东去,浪淘尽,千古风流人物。"纵观长江文明的创造者,向以善于体认超越自我、贡献新质文化因素著称,整个流域英曜炳灵,历史人物秀冠全国。

　　论"文韬",巴蜀的人才"走出夔门便成龙"。古代有号称"三苏"的苏洵、苏轼、苏辙父子,并称"渊云"的著名辞赋家扬雄、王褒,还有司马相如和卓文君等。近代的张大千、巴金、郭沫若、李劼人、流沙河等,他们跨出盆地后才华舒展,或"文章冠天下",或成为西方艺坛赞叹的"东方之笔"。还有些文豪是从外地入"夔门"后,才真正成就了其"前不见古人,后不见来者"的千古文章,最典型的代表人物当推唐代大诗人李白和杜甫。长江流域自古就有"江南出才子"的说法,最有说服力的莫过于古代"科举取士"成绩。从科举及第比重来看,两宋以降,便呈现南强北弱格局。随后的明清时期科举入仕者,长江地区更是"列省居优"。

　　论"武略",古有敢于在残暴统治下振臂一呼"王侯将相,宁有种乎",揭竿而起发动中国历史上第一次大规模农民起义的农民领袖陈胜、吴广;有"楚虽三户,亡秦必楚"的西楚霸王项羽;有被毛泽东评价为"封建皇帝里边最厉害的一个",汉朝开国皇帝、汉民族和汉文化的伟大开拓者刘邦;有中国历史上唯一的女皇帝武则天。翻开中共党史,你会发现,中国

共产党的领导群体具有强烈的地域色彩。中国共产党早期的创始人、新民
主主义革命时期的重要人物，以及党内功勋卓著的军事领导人，主要出自
长江流域的湖南（毛泽东、李立三、刘少奇、任弼时、彭德怀等）、四川
（朱德、邓小平、陈毅等）、江西（张国焘、方志敏等）、安徽（陈独秀、
陈绍禹、王稼祥等）、湖北（董必武、林彪等）、江苏（瞿秋白、周恩来、
张太雷、秦邦宪等）、上海（张闻天、陈云等）。新中国开国十大元帅中，
朱德、彭德怀、林彪、刘伯承、贺龙、陈毅、罗荣桓、聂荣臻来自长江流
域，占全部人数的 4/5。

~~~~~~~~~~~~~~~~~~~~~~~~~~~~~~~~~~~~~ # 21

长江流域陶瓷发展的脉络是怎样的？

河流是陶瓷烧造的生命线，古人利用河流运输开采的瓷土矿石，利用
河流淘洗炼制瓷土，利用河流流动形成的动能粉碎加工瓷土。陶瓷生产离
不开河流，陶瓷贸易运输离不开河流，陶瓷技术交流也离不开河流，所以
说有河流的地方不一定有窑址，但有窑址的地方一定有河流。长江流域盛
产瓷土，具备丰富的水资源及水能资源，是陶瓷业的天然聚集地。

长江流域新石器时代的考古工作中有大量分散的遗存，其中发掘出土
的陶器、瓷器更是反映了时代的文化烙印，目前已发现的有大溪文化、屈
家岭文化、河姆渡文化、马家浜文化和良渚文化。从这一时期出土的陶器
来看，其主要品种为灰陶、彩陶、黑陶和几何印纹陶等。彩绘纹饰又多以

几何形出现，手法粗放，构图新颖流畅。

夏商周时期，长江中下游地区开始出现了原始瓷器，是我国现代瓷器的原始积累。商代陶器总体上继承了新石器时代的样式，在种类上并没有多大的发展。因此陶器仍以灰陶为主，但当时已有专门烧制泥质灰陶和泥质夹砂灰陶的不同作坊。到后期，白陶和印纹硬陶有很大发展，尤以白陶最为精美，纹饰采用青铜器的艺术特点，装饰华丽，弥足珍贵。同时，还出现了用高岭土作胎、施青色釉的原始瓷器。周代陶器得到发展，表现在陶器应用到了建筑方面，如版瓦、筒瓦、瓦当、瓦钉及阑干砖等。

春秋战国时期，长江流域随着生产器具的进步与劳动力的增多，陶瓷工业得到迅猛发展。战国时期，陶瓷的造型变得十分优美和活泼，线条也变得更圆润和流畅。陶窑的结构和规模较以前扩大，制品的数量增加。长江流域出现了印纹陶、原始青瓷，此外，用陶俑、陶兽、陶明器随葬已成习俗。东汉中晚期，发源于浙江上虞的龙窑已经开始用于瓷器生产。两汉时期，釉陶大量替代铜质日用品，又使陶器得到迅速发展。东汉时期，浙江的越窑生产出了成熟的青瓷，后发展成为青瓷的中心产地，这是中国陶瓷史上的里程碑，标志着我国陶瓷业的成熟。

三国两晋南北朝时期，长江流域战乱较少，社会较为稳定，陶瓷业发展相对黄河流域较为繁荣，这为我国后期的瓷业发展奠定了基础。此时，南方的瓷器制造已经成为一项重要的手工业。东汉时期以浙江为主的几个瓷窑已发展壮大，烧制出了许多非常精致的瓷器，如青釉莲花尊、青瓷神兽尊、大型青瓷谷仓等。青瓷约占整个六朝瓷器的90%，分为生活器具和明器两大类。从出土的实物来看，江浙一带的瓷器多生活器具，湖南长沙一带不乏品种众多的瓷俑。

隋唐时期，经济文化繁荣，推动了制瓷业的进步和瓷器市场的扩大，瓷器的制作与使用更为普及，瓷器的品种与造型新颖多样，其精细程度远超前代。唐代长江流域名窑遍布，陶瓷工业处于大发展阶段，以白瓷最为殊胜。宋代是我国陶瓷史上空前繁荣的时期。宋瓷以器形优雅、釉色纯净、图案清秀著称，在中国陶瓷史上独树一帜。宋人在制瓷上达到了一个新的美学境界，其中最能反映此时最高审美情趣的是地处长江流域的哥、官等窑口烧制的贡瓷。元代是中国陶瓷史发展的转折点，制陶技艺实行世袭制，既使得生产专门化，又使得特殊技艺后继有人。因为外销瓷的增加，景德镇在这时崛起，以生产的青花、釉里红和卵白釉瓷闻名天下。其中青花瓷成为后来明清的主流瓷器，改变了中国瓷器的生产面貌，具有划时代的意义。除景德镇外，长江流域的浙江龙泉青瓷，江苏宜兴紫砂陶，四川邛窑陶瓷、彭州磁峰窑白瓷、大邑烧瓷等亦驰名海内外。

~~~~~~~~~~~~~~~~~~~~~~~~~~~~~~~~~~~~ # 22

中国古代经济文化的南移是怎么回事？

经济文化的重心会随着社会的发展而迁移，在与当时生产力相适应的地区形成重点区域，即社会主要经济文化区，其特征一般表现为人口数量大、经济发展迅速、文化产业繁荣。大致从战国至唐代前期，中国的经济重心主要集中在北方的黄河中下游地区，唐宋时期逐渐实现了经济文化重心的南移。

中国古代经济文化重心南移发生的原因，主要有以下几方面：一是战争对北方的破坏及流民的南下。古代北方战乱频繁，造成了多次的人口南迁。其中，西晋后期的"永嘉之乱"、唐代的"安史之乱"和宋代的"靖康之难"影响巨大，北方地区战火纷飞，民不聊生，无法保证正常的生产生活秩序，导致人口被迫大量南迁。二是南方适宜的生态环境为农业发展提供了优越的自然条件。南方气候温暖，雨水充足，与北方相比，可种植的农作物种类更加丰富，极大地提高了粮食的产出，有助于农业经济的发展；而黄土高原被过度开垦、黄河中游地区水土流失严重和自然灾害频发等，更加凸显了南方地区宜人宜物的生活条件、优越的自然条件；加之统治者逐渐重视南方经济发展，生产力水平得到显著提高，南方经济发展日益繁荣。三是南方的陆运和水运网络发达，为形成统一市场提供了交通条件。农业发展需要大量的水资源，南方地区的河流几乎全年不会结冰，长江中下游水系发达，得天独厚的水运条件极大地助力了南方地区的贸易往来，并借助大运河、陆路交通等逐渐向北方地区辐射延伸。

"仓廪实而知礼节，衣食足而知荣辱。"经济是文化发展的基础，文化的发展取决于经济的繁荣。南方战乱较少、政策开明，加上优渥的自然条件，及北民南移带来的先进生产技术，推动了南方农业水平提高和经济社会发展。到南宋时期，经济重心完全移到南方，也势必造就文化重心的随之南移。

~~~~~~~~~~~~~~~~~~~~~~~~~~~~~~~~~ 23

长江两岸的古都有哪些？唯一的跨江古都是哪座城市？

　　长江作为中国第一长河，因其兴起的城市不计其数，历史上与长江有着紧密联系的千年古都有成都、武汉、南京、杭州、苏州、江陵、绍兴等。中国是世界四大文明古国之一，在漫长的历史发展进程中，中华大地先后成立了数百个王朝或政权，因此形成了许多都城。据史念海先生研究，中国历史上的都城有 217 个，"涉及的王朝或政权 277 个，其中建立在内地的古都 164 处，建立在周边各地的古都 53 处；这些古都所在的地理位置涉及 27 个省、市、自治区"①。鉴于两百多个都城所建时间、区位的不同，都城之间存在着差异，有学者提出了"大古都"的概念，即将古代都城划分为多个层次，其中有少部分都城被称为"大古都"。初有"四大古都"之说，即西安、北京、洛阳、南京；后有"六大古都""八大古都"之说，将开封、杭州、安阳、郑州也列入"大古都"行列。而南京是其中唯一跨江的古都。

　　南京是中国四大古都之一，有近 2500 年的建城史、约 450 年的建都史，自古是长江下游江南地区的经济、政治和文化中心，现在更是长江三角洲地区重要的产业城市和经济中心。南京有"六朝古都""十朝都会"的雅称。"十朝都会"是指孙吴、东晋，南朝的宋、齐、梁、陈六朝，加上后续的南唐、明初、太平天国、中华民国先后在此定都。

　　南京在中国历史上具有的特殊地位和价值，被视为华夏文明的复兴之

---

　　① 史念海：《中国古都概说（一）》，载《陕西师范大学学报（哲学社会科学版）》1990 年第 1 期，第 5—20 页。

地。中国历史上往往是北方政权南下征服，最后统治全国，其中只有明朝和民国北伐成功，所以明朝初期和国民党政府都选择定都南京。在其他更多时候，当中原政权遭受灭顶之灾时，都会选择南下渡江，凭借长江天险在南京建都，休养生息，恢复元气，筹谋北伐，以图匡复中原。

南京，因水而生、因水而兴、因水而盛。它既有秦淮河舟楫之利，又有"黄金水道"长江沟通内外。历史上，南京城的形成和发展离不开小江（秦淮河）和大江（扬子江、长江）。它们的关系经历了三个阶段，即小江时代、由小江迈向大江的时代、大江时代。这一发展历程，使"金陵文化"发展为大一统的"南京文化"。①

◎ 延伸阅读

《登金陵雨花台望大江》②

〔明〕高启

大江来从万山中，山势尽与江流东。

钟山如龙独西上，欲破巨浪乘长风。

江山相雄不相让，形胜争夸天下壮。

秦皇空此瘗黄金，佳气葱葱至今王。

我怀郁塞何由开，酒酣走上城南台。

坐觉苍茫万古意，远自荒烟落日之中来。

石头城下涛声怒，武骑千群谁敢渡。

黄旗入洛竟何祥，铁锁横江未为固。

前三国、后六朝，草生宫阙何萧萧。

---

① 卢海鸣、邢虹：《中国唯一的跨江古都——南京》，载《南京学研究》（第二辑），南京出版社 2020 年版。
② 引自陈勇主编《诗国南京》，南京出版社 2020 年版，第 123 页。

英雄乘时务割据，几度战血流寒潮。

我生幸逢圣人起南国，祸乱初平事休息。

从今四海永为家，不用长江限南北。

~~~~~~~~~~~~~~~~~~~~~~~~~~~~~~~~~~~ **24**

长江为什么是中国近代工业的起源地和"发动机"？

长江流域在中华文明发展的历史进程中发挥着不可替代的作用，对中国近代工业的发展起着重要影响。

长江流域拥有优越的地理区位。中国近代工业的兴起开始于鸦片战争后，西方资本主义工商业的进入带动了近代长江沿岸工商业的发展。西方列强利用不平等条约打开了长江沿岸的大门，取得在长江沿岸某些开放城市的特权，纷纷设立银行，开办洋行，发展金融业，扩张航运和开办工厂。随着外资企业的刺激，实业救国热潮的不断涌现，极大地促进了中国本土近代工商业的兴起与发展。长江沿岸工业发展主要涉及轻工业领域，棉纺织业、面粉业和卷烟业在近代中国社会获得较快发展，它们聚集在长江下游地区，家庭手工业占主要地位。

长江流域拥有良好的交通条件。长江不同于黄河，因其水量大，全年可通航，成为我国重要的航运主干道。自 1893 年始至 1937 年，长江沿岸地区的铁路建设和公路建设取得较大成效。1928 年至 1937 年间，长江流域沿岸城市间综合性近代化交通结构基本形成，推动着长江沿岸地区近代经济的发展。一直到 1937 年日本发动全面侵华战争，长江沿岸城市间的铁路、公路交通遭到严重破坏，经济发展也因此受阻。

长江如血管一样延伸连接着周边区域，近代中国借助这四通八达的水道网络实现了全国范围的贸易运输，因而我们说长江是中国近代工业的起源地和"发动机"。

25

长江何时戴以"黄金水道"的桂冠？

长江航运作为一种重要的运输方式，自古以来对长江流域经济社会发展起到了重要作用。但长江真正成为"黄金水道"，则是在新中国成立之后特别是改革开放以来。

长江航运的起源可追溯到新石器时期。约在 7000 年前，我们的先民就依托独木舟，开始了长江的原始航程，至东汉才有木帆船广泛航行于长江之中。到了唐代，长江成为全国通航里程最长、货运量最大的河流，"蜀麻吴盐自古通，万斛之舟行若风"，生动地再现了当时长江水运的兴盛景象。而享受长江水运之利的人们，则有"朝辞白帝彩云间，千里江陵一日还"的愉悦感。在其他交通运输方式尚未形成的时期，横贯中华大地、畅达大江南北的长江航运，以其舟楫之利服务于当时的社会和经济，船舶成为人们社会生活中不可缺少的重要交通工具。

1949 年新中国成立后，回到人民怀抱的长江航运获得了新生。在百业待兴，沿江铁路、公路又极其落后的情况下，为巩固新生的人民政权，支援全国解放和抗美援朝战争，保障人民生活安宁，长江航运职工百折不挠，忘我奋斗，治理航道，改进运输生产组织，为饱受战争创伤的长江航运迅速恢复生产，运输能力不断提高，发挥交通大动脉的作用，立下了不可磨灭的功勋。长江航运从此走上了一条由天然河流到"黄金水道"的发展道路。

~~~~~~ # 26

红军长征在长江流域经历了哪些战斗？

1934 年 10 月，中央主力红军第五次反围剿失败后，被迫实行战略性转移，以摆脱国民党军队的包围追击。红军自江西瑞金出发开始长征，共经过 14 个省、翻越 18 座大山、跨过 24 条大河、进行了 380 余次战斗，其中在长江流域进行的系列经典战役被载入史册。

一是血战湘江。1934 年 11 月 27 日至 12 月 1 日，中央红军在湘江上游广西境内的灌阳县、全州县、兴安县，与国民党军苦战 5 个昼夜，最终从兴安、全州之间强渡湘江，突破了国民党军的第四道封锁线，粉碎了蒋介石围歼中央红军于湘江以东的企图。但中央红军则由长征出发时的 8 万多人锐减至 3 万余人，付出了极为惨重的代价。湘江惨败直接导致遵义会议的召开，确立了毛泽东在党和红军中的领导地位，重新肯定了毛泽东的军事战略主张。

二是强渡乌江。1934 年 12 月 8 日，中央红军翻过老山界，进入广西龙胜地区。蒋介石命令湘军刘建绪等部队在湘西布下口袋阵，只等中央红军跳入他们的包围之中。1935 年 1 月，红军发起强渡乌江江界河渡口的军事行动，中央红军由此改北上为西征，开始了战略转变，由此避开了实力雄厚的湘军，以实力相对较弱的黔军为突破口，从而成功实现突围。中央红军强渡乌江、占领遵义，取得了宝贵的休整时间，为遵义会议的召开创造了良好的条件。

三是四渡赤水。这是在遵义会议之后，中央红军在毛泽东、周恩来、朱德等指挥下，为打破国民党几十万重兵围追堵截而进行的一次决定性运动战战役。中央红军在 3 个月的时间里，转战川贵滇三省，四次渡过赤水河，巧妙地穿插于国民党军重兵集团围剿之间，牢牢地掌握战场的主动权，不断创造战机，在运动中大量歼灭敌人，取得了红军长征史上以少胜多、变被动为主动的光辉战例，彻底粉碎了蒋介石企图围歼红军于川黔滇边境的狂妄计划。

四是飞夺泸定桥。1935 年 5 月 25 日，中央红军部队在四川中西部强渡大渡河成功后，沿大渡河东岸北上，主力由安顺场沿大渡河西岸北上。红四团战士顶着暴雨，在崎岖陡峭的山路上一昼夜奔袭竟达 240 里（120千米），终于在 5 月 29 日凌晨 6 时按时到达泸定桥西岸，22 名突击队员冒着枪林弹雨，沿着火墙密布的铁索，踩着铁链夺下桥头，并与东岸部队合围占领了泸定桥。泸定桥因此成为中国共产党长征时期的重要里程碑，为实现具有重大历史意义的红一、红二、红四方面军会合，最后北上陕北结束长征奠定了坚实的基础，在中国革命史上写下了不朽的篇章，有"十三根铁链劈开了通往共和国之路"的壮美赞誉。新中国十大开国元帅中，有7 位长征时经过了泸定桥。

五是嘉陵江战役。嘉陵江战役是红四方面军为配合中央红军长征而进

图 1-5　泸定桥

行的一次重大战役，是我军大规模强渡江河作战成功的范例。该战役由红
四方面军总指挥徐向前、政治委员陈昌浩等指挥，从 1935 年 3 月 28 日开始，
至 4 月 21 日结束，历时 24 天，总计歼国民党军 12 个团、1 万余人；攻
克阆中、南部、剑阁、昭化、梓潼、平武、彰明、北川 8 座县城及中坝、
剑门关等军事要地，控制了东起嘉陵江、西迄北川、南至梓潼、北抵川甘
边界纵横二三百里的广大地区。嘉陵江战役的胜利，不仅打乱了国民党军
的部署，彻底粉碎了其苦心经营的旨在消灭红军的"川陕会剿"计划，而
且歼灭了大量国民党军，打击了国民党军的气焰，大大推动了川西北地区
人民革命斗争的蓬勃发展，进而使红四方面军在占领的广大地区内，获得
了大量人力、物力、财力补充，为后续长征和会师中央红军创造了有利条件。

第二篇

文化艺术

27

"长江文化"有哪些显著的特质？

长江文化是一种以长江流域生产力发展水平为基础的具有认知趋同性的文化体系，是长江流域文化特性和文化集结的总和。与一般文化相比，长江文化具有以下特质：

一是悠远性。长江文化源远流长，历史久远。考古发现，长江文化史可以追溯到 170 万年到 200 万年前长江上游出现巫山人，长江下游出现繁昌人字洞等旧石器时代人类活动遗址。从时间范畴来看，长江文化始于该流域历史文明形成之初，历经远古、上古、中古、近古、近代和现代以来。

　　二是流域性。长江文化极具流域性和区域性特征，是分布于长江流域、长江区域的文化。长江文化产生于长江流域，其文化特性呈现板块性特质，相关的各种亚文化分布也呈现流域性特征，其文化资源的分布还呈现"支流"特征。

　　三是多元性。长江沿线地域广阔，历史文化遗产种类繁多、数量丰富、结构多元。据统计，长江经济带 11 省（市）共有国家级非物质文化遗产 1204 项，占全国总数的 68%；有国家级非物质文化遗产代表性项目近 1300 项、全国重点文物保护单位 1600 多处，河姆渡文化、良渚文化、三星堆文化等文化遗址成为中华文明绵延不断的重要实证。

　　四是兼容性。长江文化作为中华文化的重要组成部分，有与之同样的兼容性。长江文化不具有"侵略性"，它继承了中华文化中的"和"基因——表现在为人"和气"、家庭"和睦"、社会"和谐"、世界"和平"。长江文化尊重"多样性"，流域内有侗、回、瑶、白、纳西、傣、羌等 50 多个少数民族。长江文化不具有"排外性"，长江流域各地区对来自远方的文化能够兼容接纳。

　　五是进取性。长江文化突出表现为积极进取、开拓创新。长江文化的进取性已渗透到长江流域政治、经济、社会、文化、体育、宗教、艺术、生态，以及广大群众生产生活的方方面面和各个角落。中国近现代史上不少重大历史事件、重要革命活动也都发生于长江流域。所有这些改变中国历史发展进程的"第一"，皆是长江文化"有源之水常新"的生动注脚，无不表明长江文化具有进取的朝气和创新的活力。正由于长江文化有着进取的特质，它才能生生不息，历久弥新。

　　六是流动性。长江文化是一个流动的文化系统。从自然地理环境来看，长江处于我国"大陆－海洋型"地理环境的敞开面，与外界交换极其频繁；

从自然生态系统的结构来看，长江流域生态系统与外界不断进行着物质循环、信息传递、价值转换及能量流动，因此形成了一种兼容性强的开放性文化、一种源远流长的流动性文化。

28

长江流域有多少个少数民族？各有怎样的亮点？

长江流域生活着 56 个民族，总人口约 4 亿人，其中汉族约占 94.24%，少数民族约占 5.76%，人口在 100 万人以上的少数民族包括土家族、苗族、彝族、侗族、藏族、回族 6 个民族。

土家族聚居在湖北、湖南、重庆、贵州。历史上，土家族先民被称为"蛮"。宋代以前，居住在武陵地区的土家族与其他少数民族一起，被称为"武陵蛮"或"五溪蛮"。宋代以后，土家族单独被称为"土丁""土人""土民"或"土蛮"等。土家族有自己的语言却无本民族的文字，"过赶年"是其重要节日，在文化艺术上以摆手舞见长。

苗族大多居住在贵州、湖南、重庆。苗族先民最先居住在黄河中下游地区，其祖先是蚩尤，"三苗"时代又迁移至江汉平原，后又因战争等原因，逐渐向南、向西大迁徙，进入西南山区和云贵高原。苗族是一个能歌善舞的民族，语言较复杂，没有统一的文字，以农业为主，狩猎为辅，喜食酸味，服饰各地差异较大，传统佳节为"苗年"。

彝族主要集中在四川、云南和贵州。彝族先民主要源自古羌人。公元前 2 世纪至公元初期，彝族先民活动的中心大约在邛都（今四川西昌东南）及滇池两个区域。彝族是古羌人南下与西南土著部落不断融合而形成的民族，彝文是彝族的文字，传统节日以"火把节"最为隆重，日历以农历冬月为岁首，十月为岁尾。

侗族聚居在贵州、湖南、广西三省区的毗连地区。在先秦以前的文献中，侗族先民被称为"黔首"，一般认为侗族是从古代百越的一支发展而来。唱歌在侗族人民的社会生活中具有崇高的地位。"大歌"是侗族音乐中的精粹，每逢节日、歌队出访或迎接歌队来访，以对唱"大歌"而获得声誉。

藏族主要分布在西藏、青海、甘肃、四川。据考古发现，早在 4000多年前，藏族起源于雅鲁藏布江流域中部地区的一个农业部落。藏族有自己的语言和文字，自称为"蕃"（汉语称"藏"），有悠久灿烂的文化，《大藏经》闻名于世，信仰喇嘛教，居民主食为糌粑，饮酥油茶，牧民以牛、羊肉为食。

回族在流域内各省、自治区、直辖市都有分布。"回族"是回回民族的简称，"回回"最初为他称，后来才演变为自称。"回回"一词，最早见于北宋沈括的《梦溪笔谈》，指唐代以来安西（今新疆南部及葱岭[①]以西部分地区）一带的回纥（也叫"回鹘"）人。回族在饮食习惯、服饰装饰、诞生命名、成年仪式、婚姻和丧葬、节日等习俗上，都有浓厚的民族特色。

---

① 古山脉名。传说以山多青葱而得名。其地域甚广：北起南天山、西天山，往南绵亘，包括帕米尔高原、西昆仑山、喀喇昆仑山和兴都库什山。

29

为什么说"南方丝绸之路"起源于长江流域?

南方丝绸之路泛指历史上不同时期四川、云南、西藏等长江流域地区对外连接的通道,包括有名的蜀身毒道和茶马古道等。丝绸文化和南方丝绸之路起源于中国长江流域,可从考古发现、古代传说和文献记载多个层面得到印证。

从考古发现来看,无数历史遗迹、遗物证实了丝绸文化的源头在长江。浙江河姆渡遗址中,发现了纺织工具,借此可以推断长江流域的人们在距今7000—5000年的新石器时代就已经开始使用丝绸。最具影响力的证据出自浙江的良渚文化遗址,1986—1987年从良渚墓葬中出土大量随葬品,其中出土的丝织品残片是先缫后织的,这是我国迄今发现最早的丝织实物,堪称"世界第一片丝绸"。中国科学家论证,"丝绸之源"起源于长江流域,上古黄河与西北丝绸文化是从河姆渡、良渚、古蜀等长江丝绸文化北传过去的。[①]

从古代传说来看,长江流域的很多地名与古代丝绸文化休戚相关。古代称为"蜀"的四川,植桑、养蚕的历史悠久,"蜀"就是"蠋"(野蚕)的象形字。《说文》解释道,"蜀"是"葵中蚕",而"葵"在《尔雅音义》中释为"桑",说明"蜀"和"桑"的密切关系。古蜀地区野蚕很多,称为"蠋"或"蜀",把"蜀"作为本氏族崇拜信仰的图腾,因其种桑养蚕业发达,被人们称为"蜀国"。轩辕黄帝时代,蜀人已知养蚕,并把养

---

① 王遂今:《吴越文化史话》,浙江大学出版社2005年版。

蚕术传到附近部落。从此，蜀氏族的养蚕业日益发达，人们称教民养蚕的首领为"蚕丛王"。据专家考证，蚕丛的丛（鼗），其木就是桑树，蚕丛氏即蚕桑氏。从实物考证发现，巴蜀从秦汉以来就是我国古代丝织业最发达的地区。

从文献记载来看，早在汉代，成都已是四川丝织生产比较集中和发达的地区。著名文学家司马相如用织锦打比方，回答如何作赋；扬雄在《蜀都赋》中，生动地描绘了四川织锦业的发达和其花色品种的繁多。那时已有锦官的设置，并有锦官署、锦官城、锦城、锦江、蜀锦、濯锦楼等称呼，说明了蜀与养蚕业的密切关系。据《史记·西南夷列传》载，元狩元年（前 122），博望侯张骞使大夏来，言居大夏时见蜀布、邛竹杖，使问所从来，曰："从东南身毒国，可数千里，得蜀贾入市。"又据《史记·大宛传》载，（张）骞曰："臣在大夏时，见邛竹杖、蜀布。问曰：'安得此？'大夏国人曰：'吾贾人往市之身毒。'身毒在大夏东南可数千里，其俗土著，大与大夏同。"最近在三星堆考古文物中发现丝绸痕迹，由此判断在张骞通西域之前，长江流域与南亚和东南亚之间自发形成的商道早已存在，沿线的人民通过这些商道较为频繁地相互往来。

◎ 延伸阅读

南方丝绸之路

南方丝绸之路，即"西南丝绸之路"，它不仅连接南向地区，随着贸易的不断发展，还成为连接"北方丝绸之路"和"海上丝绸之路"的重要通道。1995 年 10 月，中日尼雅遗址学术考察队成员在新疆和田地区民丰县尼雅遗址一古墓中发现汉代蜀地织锦护臂，呈圆角长方形，长 185 厘米，宽 125 厘米，织有 8 个汉隶文字"五星出东方利中国"，被誉为 20 世纪中国考古学最伟大的发现之一。"五星出东方利中国"蜀锦护臂便是通过南方丝绸之路北向商贸通道运输过去的。

30

佛教与道教为什么在长江流域尤为兴盛?

　　长江流域地域广阔,地貌丰富,气候多变,民族众多,文化多样,人们的宗教信仰多元,既有本土宗教,也有外来宗教,和谐发展,互不侵犯,其中以道教和佛教最为兴盛。

　　佛教在长江流域各地的传播有着悠久的历史。中国佛教四大名山有 3 座(四川峨眉山、安徽九华山、浙江普陀山)分布于此。在闻名中国的十大佛教寺庙中,有 7 座(浙江杭州灵隐寺、浙江台州国清寺、江苏扬州大明寺、福建厦门南普陀寺、江苏南京栖霞寺、江西九江东林寺、江苏苏州寒山寺)位于长江流域。公元 1 世纪,佛教沿着丝绸之路传入中国。北线由秦岭分界而传,南路由印度经缅甸进入中国云南,穿越长江的上源金沙江,进入长江流域。东汉末年,佛教首先在吴地和四川地区流传。经东晋时期的发展,逐渐兴盛。及至南北朝时期,由于帝王的推崇并以身事佛,佛教甚至成为国教,兴盛空前。隋唐时期,佛教进入鼎盛时期,四川出现了禅宗独盛的局面。宋代的吴越地区佛教仍兴盛不衰,观音信仰也在这一时期转型和普及,成为民间最虔诚的信仰崇奉。元代则因帝王对佛教的尊崇特别是对藏传佛教的推崇,使得藏传佛教在江南大地得到广泛的传播。

图 2-1　峨眉山金顶

明朝初期，明太祖强调佛学，佛教具有了浓厚的学术风气，南京成为佛教发展的重地。

　　道教产生于长江流域，并在这里发展壮大。无论是长江上游巴蜀之地还是长江下游滨海地域，都是道教得风气之先的地方。道教初创于洪雅瓦屋山，成型于大邑鹤鸣山，兴盛于都江堰青城山。道教的"三十六个小洞天"中有 27 处位于长江流域，"七十二福地"中有 54 处位于长江流域。道教是在长江流域各民族原始宗教、道家学说和各民族巫术的基础上产生的，如巫鬼道、方仙道、黄老道就是道教的前驱。魏晋南北朝时期，道教吸收了儒家的纲常伦理作为自己的政治纲领，吸收佛教的教规、教义、组织形式、经籍体系，表现出兼容并包、丰富多彩的理论特色和强大的生命力，在长江流域形成了上清派和灵宝派两大道教派系。隋唐宋时期，因皇室崇道，道教与封建政权关系密切起来，促进了道教在长江流域的兴盛和发展，并以此为中心，辐射到全国。元代江南道教呈现既教派林立，又杂糅合流的特色，突出表现在北边全真教的南传，并逐步与南宗合并，合流成为正一和全真两大派别。明代对道教的尊崇甚于金元，亦不逊于两宋，特别是在明太祖朱元璋扬正一、抑全真政策的影响下，作为正一道发祥地的长江流域的道教得到大发展，并在全国居于绝对的领导地位。

31

长江流域的藏羌彝文化走廊指哪些地方？

藏羌彝文化走廊位于中国西部腹地，广布于长江流域上游地区，自古以来就是众多民族南来北往、沟通交流、繁衍迁徙的重要廊道，区域内自然生态独特，文化资源富集且形态多样，是我国重要的历史文化沉积带，在我国区域发展和文化建设格局中具有特殊地位。根据国家制定的《藏羌彝文化产业走廊总体规划》，可分为核心区域、辐射区域、城市枢纽。

一是核心区域。藏羌彝文化走廊的核心区域位于四川、贵州、云南、西藏、陕西、甘肃、青海7省（区）交界处，包括四川省甘孜藏族自治州、阿坝藏族羌族自治州、凉山彝族自治州，贵州省毕节市，云南省楚雄彝族自治州、迪庆藏族自治州，西藏自治区拉萨市、昌都市、林芝市，甘肃省甘南藏族自治州，青海省黄南藏族自治州7个省(区)的11个市(州、地区)。该区域覆盖面积超过68万平方千米，藏族、羌族、彝族等少数民族人口超过760万。

二是辐射区域。藏羌彝文化走廊直接辐射的区域包括四川省绵阳市、

乐山市、雅安市、攀枝花市，贵州省六盘水市，云南省丽江市、大理白族
自治州，西藏自治区山南市、那曲市，陕西省宝鸡市、汉中市，甘肃省临
夏回族自治州、武威市、张掖市、陇南市，青海省海北藏族自治州、海南
藏族自治州、海西蒙古族藏族自治州、果洛藏族自治州、玉树藏族自治州，
以及与上述区域紧密相连的藏族、羌族、彝族、纳西族、苗族等少数民族
聚居区域。

　　三是城市枢纽。藏羌彝文化走廊依托的城市枢纽包括四川省成都市、
贵州省贵阳市、云南省昆明市、西藏自治区拉萨市、陕西省西安市、甘肃
省兰州市和青海省西宁市。城市枢纽的主要任务是合理利用地方和民族特
色文化资源，在与产业和市场的结合中实现民族文化的有效传承和保护，
培育各具特色的民族文化产业品牌；以改善民生为出发点，加快发展特色
文化产业，实现文化富民；推进文化与生态、旅游的融合发展，把藏羌彝
文化走廊建设成为世界级文化旅游目的地；推动文化产业成为区域经济支
柱性产业，为西部和民族地区的振兴繁荣提供强大动力。

~~~~~~~~~~~~~~~~~~~~~~~~~~~~~~~~~ 32

长江流域的巴蜀文化有什么特点？

　　巴蜀文化，指四川盆地的地域文化，即巴文化与蜀文化的合称。从地
理学、历史学和人类学来看，巴蜀文化独具特色，不仅是优秀的地域文化，
同样也是中国优秀传统文化的重要组成部分。

从地理学来看，巴蜀文化是过渡态文化。《华阳国志·蜀志》曾有描述："其地东接于巴，南接于越，北与秦分，西奄峨嶓。"大致范围，北边以秦岭为秦蜀边界，南边则已抵达后世中越边境，西边囊括了川西高原一部分，东与巴国大致相邻于涪江流域一线。由此可见，蜀的疆域非常辽阔，几乎占据了古代所谓"华阳"地区，即秦岭以南广大地区范围的大半。巴蜀地区处于中国地理第二阶梯，北纬 30° 线与胡焕庸线交点，属内陆海洋性气候，有河流数千条，受喜马拉雅山与印度洋暖流影响很大。因此，巴蜀地区特别适合植物生长，是水稻最早种植地之一，早在商代就有用稻米做成的化妆品。

从历史学来看，巴蜀文化的源头是古蜀文化。巴文化、蜀文化源远流长，已有 5000 余年发展历程，巴蜀大地是中华民族的又一摇篮，是人类文明的发祥地之一。考古研究发现，三星堆遗址、金沙遗址是中国工匠的摇篮、中国工匠精神的发源地、世界文化创意中心、世界手工业制造中心，古蜀文明与华夏文明、良渚文明并称"中国上古三大文明"。自秦汉以来，巴蜀地区诞生了司马相如、扬雄、陈子昂、李白、苏轼、张栻、杨慎、张问陶、李调元、郭沫若、巴金等文化巨匠，在诸如汉赋、唐诗、宋词、巴学、蜀学、史学、道教、天文、易学等领域，影响力巨大。巴蜀的文化和宗教，与齐鲁的儒学、三晋的法学、荆楚的道家，共同形成了中国古代文化的显著特色。

从人类学来看，巴蜀文化是移民文化。从喜马拉雅土著人在岷江上游兴起古蜀人部落，到秦代"移秦民万家入蜀"；从西晋甘肃、陕西大旱，流民十万人入川"就食西蜀"，到元末明初、明末清初两次"湖广填四川"移民运动，形成了独特的移民文化和移民精神。在四川盆地内，汉族构成今重庆和四川境内的人群主体。四川盆地四周的高原、高山地区则主要为少数民族的生活区，聚居和杂居着汉族和藏、羌、彝、苗、蒙古、满、土家、回、布衣、傈僳、纳西族等少数民族。四川和重庆的这种民族分布格局是经过几千年的交流融合、迁徙定居、相互依存、发展演变而形成的。在民族长期交流的历史过程中，巴蜀文化形成了自身的地方特色。这一过程同中华民族形成和发展的过程与规律是一致的，是多元一体的中华民族生息繁衍过程的一部分。

~~~~~~~~~~~~~~~~~~~~~~~~~~~~~~~~~ 33

长江流域楚文化的主要特征是什么？

楚文化，是中国春秋时期南方诸侯国——楚国的物质文化和精神文化的总称，是华夏文明的重要组成部分。楚国先民最初生活在黄河流域的中原地区（河南新郑），南迁长江流域后给楚地带来了先进的华夏文明因素，并以中原商周文明为基础推动楚文化向前发展。结合楚文化的产生、发展与演进史来看，楚文化的精神特质主要表现为浪漫性、创新性、神秘性和励志性。

一是浪漫性。楚文化的浪漫主义传统源远流长，最典型的尤属文学和艺术上的浪漫主义，活跃在当代的荆楚画派依然以"崇尚浪漫思想，气韵灵动飘逸"为主要艺术追求。楚地复杂多样的地理环境因素，在巫文化与原始宗教文化的影响下，以及楚人追求个性的价值引领下，使得楚文化崇尚与追求浪漫。

二是创新性。创新是楚文化自古以来就具有的特征，在同时代的众多区域文化中，楚文化独树一帜，标新立异。楚国先民在社会发展历程中，没有因循守旧，而是充分利用其聪明才智，在经济、政治、科技、艺术、法律等方面都进行了大胆革新。随着楚国的崛起和不断强盛，楚国在文化上也取得了巨大成就。它大胆吸收中原文化，不断融合各种土著文化，形成了高度发达的楚文化。到战国时期，楚文化已经成为华夏文化主流之一。

三是神秘性。复杂的地形、多变的气候、奇异的景观，使得生活在楚地的人们认为人与自然界之间貌似有着微妙的关联，但又受到技术条件与认识水平的限制，对这种关联容易产生错误的认知，往往容易产生奇异的幻觉。这使得楚文化在原始信仰的精神支持下，披上了一件"神秘"的外衣。

四是励志性。楚国的发展历程可谓一波三折，跌宕起伏，由弱转强的发展历程，彰显了楚国奋发图强的文化特征。自西周初立国开始，楚便僻居江汉蛮荒一隅。据《史记·楚世家》记载，周成王时，楚之先祖鬻熊的曾孙熊绎被封于楚蛮，"封以子男之田，姓芈氏，居丹阳"，由此拉开了楚国绚丽多彩的历史篇章。从公元前 1024 年起，至秦兵在寿春破楚军俘楚王（公元前 223 年楚灭），楚国自建立到灭亡的八百年历史中，在江淮地区经营、奋斗就有四百余年时间。楚君面对周王朝对楚人的歧视、排斥、打击和冷落，不惜"筚路蓝缕，以启山林"，立志改变楚人的艰难处境和悲惨命运。

~~~~~~~~~~~~~~~~~~~~~~~~~~~~~~~~~ # 34

长江流域滇黔文化的特点是什么？

滇黔文化又称"云贵文化"，是西南各族人民在滇黔山水之间开创和发展的物质和精神文化。滇黔文化突出特征表现为以下几点。

一是山文化与水文化的交融性。云贵高原处在青藏高原向湖南、广西丘陵山地的过渡地带，石峰林立、沟壑纵横的喀斯特地貌在贵州省约占总面积的 70% 以上，云南省的石灰岩总分布面积约占全省 50% 以上，独特的地形造就了独有的"大山文化"和"梯田文化"。"傩"，是最具代表性的一种"大山文化"，是远古人类为了驱瘟避疫、消灾除难、祭神跳鬼而产生的一种巫术舞蹈形式。傩舞后来逐步发展为傩戏，侗、彝、苗、土家、布依、仡佬等民族都有自己的傩戏。云贵地区多山地，加之雨水较多，依山而建的梯田，形成了独具特色的"梯田文化"，其中尤以云南省元阳县哀牢山南部哈尼族人民创造的"哈尼梯田"或"元阳梯田"最为有名。元阳梯田依山势而建，大小随机，大者数亩，小如簸箕，气势磅礴，规模宏大，仅元阳县的"哈尼梯田"就达 17 万亩（约 113 平方千米），是哈尼族人世世代代留下的杰作，被誉为"中国最美的山岭雕刻"。2013 年被成功列入《世界遗产名录》，成为我国第 45 处世界文化遗产。

二是民族文化和民族生活的原生性。云贵高原地处西南边陲，"山高皇帝远"，特殊的高原山地阻隔了外界干扰，在保护了生物多样性的同时，也保留了民族文化的原生性。这里是中国少数民族种类最多的地区，各民族保留了原生态的文化，被誉为中国的"文化艺术宝库"和"民族博物馆"。在"一山分四季，十里不同俗"的云南，生活着 26 个民族，其中 25 个少数民族中的 15 个民族为云南所特有，8 个民族还保留部分原始公社的社会形态。各民族除回族、满族、水族通用汉语外，其余都有自己的语言，使用的民族文字共 22 种。其中，纳西族的东巴文化历史悠久，东巴文字是迄今还在传承的象形文字。傣族、布朗族、拉祜族保留有母系社会的残迹。

三是民族节日和民族风情的独特性。在滇黔文化中，最令人难忘的是这里气息浓郁的节日风情和热烈奔放的民族歌舞。傣族是一个宗教很浓的民族，信仰小乘佛教和原始宗教，佛寺遍布各村寨，其最重要的节日是新年的"泼水节"。傣历六月，男女青年聚在一起，互相泼水，以示吉祥如意，同时又载歌载舞，最有名的歌舞是孔雀舞和象脚鼓舞，甚为形象生动。农历六月初六或六月二十四日，是彝族的"火把节"，人们身穿崭新的民族服装，高举火把，举行斗牛、赛歌、敬酒、摔跤等盛行活动。其他少数民族的民俗风情更是举不胜举，如侗族的拦路歌、婚庆节、"送芭蒌"和播种节，婚后同族的"三回门"；水族的端节和卯节；壮族的歌会；苗族的龙船节、祭鼓节、"姊妹饭"节；瑶族的达努节；仡佬族的祭神树和"吃新年"；土家族的歌舞和颂春时节、牛王节；等等。这些众多缤纷的民俗风情形成滇黔文化的一大特色。

~~~~~~~~~~~~~~~~~~~~~~~~~~~~~~~~ # 35

吴越文化的主要特征有哪些？

吴越文化又称"江浙文化"，是中华文明的重要组成部分，也是江浙的地域文化。吴越文化生存的地区沿海临江，河湖众多，水网密布，草木繁茂，具有"水乡泽国"的地理特征，由此造就了吴越文化独具一格的特质。

一是具有灵动睿智的文化特质。吴越地区玉器的制造可以追溯到6000多年前的崧泽文化、马家浜文化，至5000多年前的良渚文化，形成以璧、琮等玉器为主的礼器系统，体现了吴越先民独特的追求及其技艺的先进性。吴越地区还诞生了中国最早的瓷器。早在商代，"龙窑"就烧制出青瓷。东汉到六朝，青瓷器已逐步取代陶器和漆器，成为日常生活用品。吴越产出的丝绸在明清已经"衣被天下"。田野考古把中国发达的丝织业兴起的历史提早到了5000多年前，河姆渡文化遗址中曾出土蚕纹陶器，吴兴钱山漾遗址出土了大量的丝织物。玉器、瓷器、丝绸既是中华先民的独创，又是中国对世界人民的非凡贡献。追根溯源，均起源自长江下游的吴越文化，吴越文化的地位于此可见一斑。

二是勇于开拓的文化特质。吴越地区本土文化早在春秋战国时代就充分吸收中原文化中的先进因子，在文字使用、礼乐制度、城市规划、军事思想以及铜器铸造等方面都取得了突出的成就。吴越文化的开放性还体现在对外扩展的冒险性格和恢宏的拓边精神。早在四五千年前，吴越人就已驾船航行到太平洋各岛屿。春秋战国时代，吴国出现了来自西方国家的器皿。[1]

---

[1] 丁家钟、贺云翱：《长江文化体系中的吴越文化》，载《南京大学学报（哲学·人文科学·社会科学版）》1998年第4期，第70—73页。

秦汉以后，中国形成了对外联系的"丝绸之路"，其中吴越起航的"海上丝绸之路"，无论是异域文化的传入，还是中国民众的海外移民或丝绸、陶瓷制品的输出，均不甘人后。吴越文化的"冒险性格"还体现在"开风气之先"，敢于接受外来文化并"第一个吃螃蟹"的基本是吴越人氏。吴越文化的开放精神深刻地影响着中国近现代社会变革，主要体现出一种善于变革创新的文化传统以及适应时代变迁的新思潮。

三是好学深研的文化特质。汉代以来，一种对高层次思想文化及艺术风格不懈追求的全民意识在吴越一带蔚然成风，藏书和读书风气盛行，教育、科研、哲学、绘画、书法等各领域精英辈出，工艺技巧不断改进，优秀文学作品相继产生，大批杰出人才涌现，其掀起的维新思潮、洋务思潮、革命思潮、教育思潮、科技思潮、经世思潮等对中国近代社会变革产生了巨大影响，呈现出"江山代有才人出，各领风骚数百年"之势。

36

湖湘文化的"敢为人先"表现在哪些方面？

湖湘文化发端于湖湘地区这一长江流域独特的地域环境，由战国兴起，清中叶以降达于极盛，以其"敢为人先"的精神内核，赢得了极高的赞誉。

一是心忧天下的精神。湖湘士人的忧患意识，远承《易经》"作《易》者其有忧患"的思想，近受《岳阳楼记》"先天下之忧而忧，后天下之乐而乐"的影响。左宗棠名联尤能体现："身无半亩，心忧天下；读破万卷，神交古人。"从五四运动到新民主主义革命时期，在爱国主义传统精神的推动下，湖南涌现出以毛泽东、刘少奇、彭德怀等为代表的一大批无产阶级革命家，将心忧天下的爱国主义精神发挥得淋漓尽致，并将其提升到了更高更深的层次，在中国近现代史上书写了一段光辉灿烂的革命传奇。

二是创新变革的精神。湖湘文化之所以能够成为一种独具特色的地域文化，与其兼容并包、敢于变革的包容开放精神密切相关。从"择师而从，而求兼取众家之所长"，可以看出岳麓诸儒并不拘于学派门户之见。魏源作为近代开眼看世界的第一人，博采众长，写出了《海国图志》，在中国第一个站出来呼喊"师夷长技以制夷"。曾国藩在 1861 年筹办的安庆内军械所，成为近代中国第一家军工企业。5 年后，左宗棠创办的福州船政局，成为近代中国第一家造船厂。毛泽东强调，"中国维新，湖南最早。丁酉戊戌之秋，湖南人生气勃发。新学术之研究，新教育之建设，谭嗣同、熊希龄辈领袖其间，全国无出湖南之右"。在维新运动中，湖南又一次走在最前列。

三是独领风骚的精神。特殊的地理位置使湖湘地区历来成为兵家必争之地，这给湖湘人带来了独立、反抗、讲义气、不怕死、敢于担当的品质。在历史的抗争中，湖湘地区人才辈出，敢于领风气之先，有"半部中国近代史由湘人写就""无湘不成军""湖南人才半国中""中兴将相，什九湖湘"的赞誉。在曾国藩的倡议下，清政府安排了第一批赴美留学生，印刷翻译了第一批西方书籍，建立了第一所兵工学堂，建造了中国第一艘轮船。毛泽东，湖南湘潭人，中国人民的领袖，伟大的马克思主义者，伟大的无产阶级革命家、战略家、理论家，中国共产党、中国人民解放军和中华人民共和国的主要缔造者和领导人，被《时代》杂志评为 20 世纪最具影响百人之一。新民主主义革命时期，以毛泽东、蔡和森为代表的中国共产党人更是将马克思博大精深的思想体系与中国传统文化相结合，将学术理论和实践相结合，创立了中国革命的伟大理论。此外，屈原、周敦颐、张栻、魏源、左宗棠、谭嗣同、黄兴、蔡锷等，都是湖湘文化的杰出代表。

37

长江流域为什么有悬棺？哪些悬棺具有代表性？

悬棺葬是一种古老的安葬方法，是将棺木置于临河面江、依山傍水的悬崖绝壁之上的一种葬俗。古人实行悬棺葬的主要原因：一是借音"高棺"（高官），以保佑子孙后代富贵；二是为了保护先人的尸体，不让人兽侵犯；三是濮人①子孙为了尽孝，"尽产为棺，于临江高山半肋凿龛以葬之，自山上悬索下柩，弥高者以为至孝"。其葬地选择与江河及其两岸崖壁密切相连，非常符合长江流域自然条件，因此广布于长江流域各地区。极具代表性的有僰人悬棺、三峡悬棺等。

僰人悬棺在四川省宜宾市的珙县、兴文、筠连等地境内均有分布，为古西南夷腹地，汉武帝开夜郎，置犍为郡，时属僰道县。《珙县志》载："珙本僰地，僰人多悬棺。"僰人悬棺以将死者的棺木放置在悬崖绝壁上为特征，共保存有悬棺 265 具，是目前国内保存数量最多、最集中的地方。置棺高度，一般距离地表 10—50 米，最高者达 100 米。置棺方式有三种形式：一为木桩式，二是洞穴式，三是岩墩式。以木桩式居多，棺木头大

---

① 濮人，先秦时期分布在长江上游地区，即今云南、贵州、四川、重庆的长江沿线地区。《华阳国志》载：越嶲郡会无（今四川会理县）为濮人居地，有濮人冢。

图 2-2　僰人悬棺

尾小，多为整木，用子母扣和榫头固定。采用仰身直肢葬，麻布裹尸身，随葬品置脚下两侧，多寡不定，有陶瓷器、木竹器、铁器和麻织品，其中麻织品最多。悬棺葬的族属，学术界争议颇大。其时代，上限未知，下限为明代。僰人悬棺现为全国重点文物保护单位，已成为世界悬棺葬研究者瞩目的中心，吸引着无数的旅游者，充满着古老而神秘的色彩。

　　三峡悬棺位于长江三峡一带，因为地域不同，有的又叫作"船棺""岩棺"。瞿塘峡的棺木峡、风箱峡，大宁河的巴雾峡、滴翠峡，大宁河的上游巫溪县境内的荆竹坝，西陵峡中的兵书宝剑峡、九畹溪等地都有悬棺。三峡悬棺的搁置分为二种：一是将棺木置于距地面一定高度的天然洞穴之中；二是在悬崖峭壁上凿一洞穴或数个洞穴，将棺木置于所凿洞穴中。三峡悬棺构成了一道风景、一派人文奇观，反映了古代长江三峡民众一种奇特的葬俗，更有着丰厚的历史文化内涵。

◎ 延伸阅读

船棺葬

　　船棺葬作为悬棺葬的一种特别葬制，是把死者遗体放进形状似船的棺材里，再放置崖壁上安葬。船棺葬始于古巴蜀地区，传说巴人始祖廪君巴

务相死后，其子孙用巨大的楠木凿成形如舟的独木棺椁装殓，置于高崖之
上以便祭祀，这就是船棺的来由。其子孙和大臣死后，也纷纷仿效，久而
久之，就形成了"船棺崖葬"的风俗。之后，船棺葬沿南方丝绸之路传播
至海外，在泰国、菲律宾、越南、马来西亚、印度尼西亚等国家均有分布。
船棺除悬棺外，还有土葬船棺、水葬船棺等多种类型。

~~~~~~ **38**

川剧有什么特点？

川剧，俗称"川戏"，主要流行于中国西南地区四川、重庆、云南、
贵州四省（市）的汉族地区。川剧在行当、唱腔、妆容、服饰等方面均具
有鲜明的艺术特色。

一是在行当上，川剧分小生、旦角、生角、花脸、丑角 5 个行当，各
行当均有自成体系的功法程序，尤以文生、小丑、旦角的表演最具特色。
小生行指俊扮剧中青年男性者，表演中均不挂"须"。旦角行扮演的是女
性人物，绝大多数为女性演员。生角行指除小生、花脸、丑角以外俊扮的
中老年男性，不包括小生，统称"生角"，角色为下层人物的配角或次角，
表演时皆要挂"须"。花脸行可分大花脸、二花脸，大花脸一般表现的是
剧中地位较高、举止稳重的人物，多为朝廷重臣；二花脸大都扮演勇猛豪
爽的正面人物，一般非剧中主要角色。丑角行俗称"小花脸""三花脸"，
扮演的人物多种多样，上至帝王将相，下至市井平民，三教九流，无所不有。

二是在唱腔上，川剧由高腔、昆腔、弹戏、胡琴、灯调 5 种声腔组成。这 5 种声腔以及为 5 种声腔伴奏的锣鼓、唢呐曲牌及琴、笛曲谱等音乐形式，除灯调系源于本土外，其余均由外地传入。川剧音乐兼收并蓄，博采众长，吸收了全国戏曲各大声腔体系的营养，与四川的地方语言、音乐、声韵融汇结合，衍变成为曲牌丰富、形式多样、风格迥异、结构严谨的地方戏曲音乐。

三是在妆容上，川剧演员在演出前，要在面部用不同色彩绘成各种图案，以展示人物的身份、形貌、性格特征。川剧演员都是自己绘制脸谱，在保持剧中人物基本特征的前提下，演员可以根据自身的特点，创造性地绘制脸谱，以取得吸引观众注意的效果。川剧脸谱并不是"死"谱，而是"活"谱。为表现人物，川剧脸谱绘有不同的色彩、富有象征意味的图案，甚至用不同书体的书法汉字进行装饰造型。例如著名川剧《西湖夜会》中的江湖豪杰马俊，人称"玉蝴蝶"，扮演他的川剧演员会在脸上勾勒一只色彩斑斓的蝴蝶，醒目而又迷人。川剧脸谱的个性化和多样化特征，是各类地方剧种中少见的。

四是在服饰上，川剧戏装有很多种，官衣、蟒袍、褶子、靠子等，都对应着相对固定的角色，什么角色穿什么衣服，有严格讲究。剧团历来对戏装都有严格而细致的分类，有所谓的"大衣"柜和"二衣"柜。大衣，就是剧中帝王将相、娘娘嫔妃、内阁大臣等所穿的服装，有蟒袍、官衣、蓝衫等；二衣，就是剧中元帅大将、马步兵丁等所穿的服装，有铠甲、靠子、袍子等。演员舞台上一亮相，身上的戏装就先透露了角色的身份、性格甚至情绪等。

◎ 延伸阅读

变脸

变脸是川剧表演的特技之一，把不可见、不可感、抽象的情绪和心理状态变成可见、可感的具体形象——脸谱，用于揭示剧中人物的内心及思想感情的变化。变脸有揉、抹、拭、吹、画、戴、憋、扯这几种方法。川剧演出中，随着剧情的转折、人物内心世界的变化，脸谱也需相应发生变化。如何在一出戏里让脸谱发生变化，川剧艺人创造发明了变脸、扯脸和擦暴眼的特技，以达到人物脸谱瞬间变化的强烈演出效果。

~~~~~~~~~~~~~~~~~~~~~~~~~~~~~~~~~~~~ # 39

越剧是在哪个省形成的？唱法技巧是什么？

越剧，也称"绍兴戏"，中国第二大剧种，因此被誉为"第二国剧""流传最广的地方剧种"，在国外被称为"中国歌剧"。越剧发源于绍兴嵊州，先后在杭州和上海发展壮大，逐步在全国流行开来，甚至流传至世界各地，在发展中汲取了昆曲、话剧、绍剧等特色剧种之大成，经历了由男子越剧到女子越剧为主的历史性演变。

越剧长于抒情，以唱为主，声音优美动听，表演真切动人，唯美典雅，极具江南灵秀之气，多以"才子佳人"题材为主，艺术流派纷呈，公认的就有十三大流派之多。主要流行于上海、江苏、浙江、江西、安徽、福建等广大南方地区，以及北京、天津等北方部分地区。20世纪50年代，越剧处于鼎盛时期，除广东、西藏、广西等少数省、自治区外，全国都有专业剧团存在。

越剧里人物情感的表达更多依靠演员的面部表演、唱腔等，演员往往需要投入大量的感情，来刻画人物细腻的情感和心理变化。这也赋予演员广阔的创作空间，塑造出鲜活、生动的人物形象，而不是呆板的脸谱化形象。甚至不同的演员在塑造同一个角色时，能演出独具个人色彩的千种风情来。"情真"二字，大略最能打动观众，也最易使观众沉醉于此。

从流派唱腔来看，越剧由唱法和曲调两大部分组成，各派在曲调的组织上有与众不同的技巧和手法，通过节奏、板眼和旋律的变化，形成各自的基本风格。特别是起调、落调、句间、句尾的拖腔，以及旋律上不断反复、变化的特征乐汇和惯用音调等，更是体现各流派唱腔艺术特点的关键。

在演唱方法上，大都集中在唱字、唱声、唱情等方面，以显示自己的独特个性，通过发声、音色以及润腔装饰的变化，形成不同的韵味美。有些细微之处，还包括不少为曲谱难以包容，也无法详尽记录的特殊演唱形态，却更能体现各流派唱腔的不同色彩。

在服装样式设计上，借鉴古代仕女画较多，旦角服装尤为明显。上衣有斜领、圆领、对开领；袖子有用水袖和不用水袖而放长衣袖两种；裙子大多做成百褶式，系在上衣外面，佩带的装饰性附件较多，有的还在长裙外面加一短式腰裙。服装的色彩多用中间色，比之传统戏曲的下五色有很大的丰富。纹样装饰多用角花、边花、暗花，花纹简约，颜色淡雅，这同传统戏衣的浓重的装饰风格恰成对比。服装的用料，一般不用有强烈反光的缎子，而用绉缎、丝绸、珠罗纱等，给人以柔美、轻盈、洒脱之感。

40

~~~~~~

"川江号子"是什么？它的起源与什么人有关？

川江号子是国家级非物质文化遗产。川江号子具有鲜明的艺术特征，是川江船工们为协调动作和统一节奏，由号工领唱，众船工合唱、帮腔的一种"一领众和"式的民间歌唱形式，是船工们与险滩恶水搏斗时用汗水甚至热血凝铸而成的生命之歌。

一是从唱腔来看，川江号子有懒大桡数板、四平腔数板、快二流数板、起复桡数板、落泊腔数板等不同的腔型类别。在这些腔调中，号子头的领唱部分，节奏在规范中又有变化，小腔花音使用较多，带有一定的即兴成分，

图2-3　长江边的纤夫正在喊号子

故有"十唱十不同"的说法，但总体上既有悦耳抒情的旋律，又有雄壮激越的音调，在行船中起着调剂船工急缓情绪并统一摇橹板动作的作用。

二是从唱词来看，川江号子有 26 种记录在册的词牌和百余首唱词，极为丰富多彩。多种数板的唱词，往往是由号子头即兴编唱，根据其嗓音，可分为高亢清脆的"边音"、洪亮粗犷浑厚的"大筒筒"等不同流派；根据船所行水势的缓急程度，其所唱号子的名称和腔调皆有所不同，时而雄壮浑厚，时而紧促高昂，时而舒缓悠扬，大气磅礴，震撼人心。

三是从代表作品来看，川江号子内容丰富多彩。代表作品有《十八扯》《八郎回营》《桂姐修书》《魁星楼》《拉纤号子》《捉缆号子》《橹号子》《招架号子》《大斑鸠》《小斑鸠》《懒龙号子》《立桅号子》《逆水数板号子》等。这些作品从本质上体现了自古以来川江各流域劳动人民面对险恶自然环境不屈不挠的抗争精神和粗犷豪迈中不失幽默的性格特征。同时在音乐形式和内容上，发展也较为完善，具有很高的文化历史价值。

川江号子起源于川江上劳动的"纤夫"。"纤夫"是指那些专以纤绳帮人拉船为生的人。在古代，船运是一种必不可少的运输方式，煤、木材、农副产品和日用品全靠船只运进运出，当船遇到险滩恶水或搁浅时，就必须靠很多人合力拉船，纤夫这个职业由此而生。纤夫们屈着身子，背着缰绳，步态一瘸一拐往前迈，对行船起着关键性的作用。拉纤的时候，多数纤夫是不穿衣服的，在暮春、夏季、初秋等温暖的时节也多是光着身子，即使面对大姑娘也是泰然自若。长江上的纤夫除了拉纤之外，就是会喊一口沙哑的"川江号子"了。号子有声无字，"嗨，嗨哟哟，嗬嗨，拖呀，拖拖拖拖"……声声号子，在长江两岸回荡。

~~~~~~~~~~~~~~~~~~~~~~~~~~~~~~~~~~~~~ # 41

长江流域有哪些美食与美酒？

　　长江流域是中华农业文明的发祥地之一，更是中华名馔和美酒的摇篮。在中国八大菜系中，长江流域的菜系占到五席，长江流域又被称为"长江生态酿酒带""长江名酒经济带"，显示出长江流域美食名酒众多，谱系丰满。由于地理环境、气候特征、物产类型的差异，同在长江流域的美食名酒文化又可分为长江上游的巴蜀饮食文化、长江中游的荆楚饮食文化和长江下游的吴越饮食文化。

　　长江上游巴蜀饮食文化的集大成者是川菜。川菜的产生，与巴蜀文化善于吸收各地、各民族饮食文化有关，它是在融合了中国各地饮食风味的基础上发展起来的，如川菜中的名菜狮子头源于扬州狮子头，八宝豆腐源于清宫御膳，蒜泥白肉源于满族白片肉等。川菜在长期的历史发展过程中，已经形成三蒸九扣菜、家常菜、筵席菜、风味小吃、便餐菜五大类菜点，四千多个品种的菜肴风味体系，成为巴蜀文化的一朵奇葩。长江上游的名酒代表品牌有五粮液、泸州老窖、贵州茅台、郎酒、水井坊、沱牌、剑南春等，有粗犷均衡的酱香，也有大气磅礴的浓香，还有优雅清新的清香，谱系十分丰富。

　　长江中游的荆楚饮食文化形成了两大菜系——鄂菜和湘菜。湖北素称"千湖之省"，淡水鱼虾资源丰富，而咸鲜口味的形成可能与楚人爱吃鱼有关，导致鄂菜的调味偏咸鲜。湖北有"九省通衢"的雅称，因而在饮食上的兼容性很强，鄂菜吸收了吴越、巴蜀乃至粤桂、中原等地饮食文化精华，形成了以蒸煨为主、以水产为本且南北皆宜的特点。湘菜以辣为主，

图 2-4　天宝洞藏酒

酸寓其中，偏酸重辣。湘人嗜酸喜辣，因其地处多山与潮湿之地，而酸辣之物有祛湿、祛风、养胃、健脾之功效；加之古时交通不便，盐难于运达，当地居民不得不以酸辣之物来调味。这一地区名酒代表品牌有酒鬼酒、稻花香、白云边、黄鹤楼等，酒体丰满，清澈透亮，绵、润、柔、醇、雅等口感风格独特。

长江下游的吴越饮食文化，分为苏州、淮扬、杭州、金陵、无锡等风味。不同地域的菜肴，虽有部分相通之处，但终究自成一家，各具特色。例如苏州和扬州，"一江之隔味不同"，其原因在于扬州在地理上素为南北之要道，因此在肴馔的口味上也就容易吸取南甜北咸的特点，逐渐形成自身"咸甜适中"的特色。而苏州相对受北方饮食文化影响较小，所以"趋甜"的特色也就保留下来了，尤其是对于食鱼文化的偏爱，更是独具特色。这一地区名酒代表品牌有古井贡酒、口子窖、迎驾贡酒、金种子酒、皖酒、洋河大曲、双沟酒、今世缘酒等，具有酒体协调、回味悠长的特点。

◎ 延伸阅读

长江流域的特色菜系

长江流域美食烹制方法极具特色，包括烤、煮、炒、炖、煲、蒸、火锅等烹饪技法。川菜在烹调方法上擅长炒、滑、熘、爆、煸、炸、煮、煨等。苏菜擅长炖、焖、蒸、炒，重视调汤，原汁原味，浓而不腻，淡而不薄，酥松脱骨而不失其形，滑嫩爽脆而不失其味。浙菜常用烹调技法有 30 多种，注重煨、焖、烩、炖等。湘菜烹制方法以煨、炖、腊、蒸、炒诸法见称。徽菜烹调方法上擅长烧、炖、蒸，而爆、炒菜少，重油、重色、重火功等。

~~~~~~~~~~~~~~~~~~~~~~~~~~~~~~~~~~~~ # 42

描写长江的著名诗歌有哪些？

长江是中华文明的发源地之一，是古今诗词的咏颂之江。诗人笔下的长江，汹涌奔腾，气势磅礴，雄浑壮丽，从远古奔向未来。

"诗仙"李白和"诗圣"杜甫均写了大量关于长江的诗歌。李白常常用一江春水浩浩荡荡地流向远方的水天交接之处，表达对朋友的一片深情——"山随平野尽，江入大荒流"（《渡荆门送别》）、"朝辞白帝彩云间，千里江陵一日还"（《早发白帝城》）、"孤帆远影碧空尽，唯见长江天际流"（《黄鹤楼送孟浩然之广陵》）、"天门中断楚江开，碧水东流至此回"（《望天门山》）。杜甫往往借滔滔江水咏颂传奇的古遗迹——"无边落木萧萧下，不尽长江滚滚来"（《登高》）、"星垂平野阔，月涌大江流"（《旅夜书怀》）。

　　苏轼用非凡的笔墨挥洒豪情，长江的浪花激荡着诗人的心潮——"大江东去，浪淘尽，千古风流人物。故垒西边，人道是，三国周郎赤壁。乱石穿空，惊涛拍岸，卷起千堆雪。江山如画，一时多少豪杰。遥想公瑾当年，小乔初嫁了，雄姿英发。羽扇纶巾，谈笑间，樯橹灰飞烟灭。故国神游，多情应笑我，早生华发。人生如梦，一尊还酹江月。"这首《念奴娇·赤壁怀古》是其豪放词的代表作之一，苏轼通过描绘月夜江上的壮美景色，借对古代战场的凭吊和对风流人物气度、才略、功业的追念，委婉地表达了自己功业未就、怀才不遇、老大未成的忧愤之情，表现了作者旷达的心境。全词借古抒怀，雄浑苍凉，大气磅礴，笔力遒劲，境界宏阔，将写景、咏史、抒情融为一体，被誉为"古今绝唱"，给人以撼魂荡魄的艺术力量。

　　张若虚出生在人才辈出、繁华富庶的扬州，与贺知章、张旭、包融并称为"吴中四士"。张若虚在长江秀丽自然风景和江南浓厚文化气息的熏陶下成长，自然而然就有了歌咏长江的毓秀文章，其中《春江花月夜》为其代表作。"春江潮水连海平，海上明月共潮生。滟滟随波千万里，何处春江无月明！"这首诗以长江为场景，以明月为主体，沿用了陈隋乐府旧题，运用了明丽清新之笔，富有生活气息。"江天一色无纤尘，皎皎空中孤月轮。江畔何人初见月？江月何年初照人？"不仅描绘了一幅惝恍迷离、幽美邈远的长江月夜春景，更是借景抒情，融入了诗人富有哲理意味的人生感慨以及游子思妇真挚动人的离情别绪。全诗共三十六句，每四句一换韵，创造了一个深沉、寥廓、宁静的艺术境界，表现了一种迥绝的宇宙意识。"人生代代无穷已，江月年年望相似。不知江月待何人，但见长江送流水"等诗句为历代文人墨客吟咏唱诵，被誉为"唐诗开山之作"。全诗韵律宛转悠扬，语言自然隽永，创造了空明的意境，充满着奇特的想象，通篇融诗情、画意、哲理为一体，享有"一词压两宋，孤篇盖全唐"之名，被闻一多誉为"诗中的诗，顶峰上的顶峰"。

43

长江两岸的历史名楼有哪些？

　　中国古代"四大名楼"，位于长江两岸的独占三席，分别是江西南昌滕王阁、湖北武汉黄鹤楼、湖南岳阳岳阳楼，它们又并称为"江南三大名楼"。

　　江西南昌滕王阁地处赣江东岸，为南昌市地标性建筑、豫章古文明之象征，世称"西江第一楼"。唐永徽四年（653），滕王李元婴于洪州建阁，名"滕王阁"。上元二年（675），洪州都督阎伯屿重修滕王阁，王勃写成"千古一序"——《秋日登洪府滕王阁饯别序》，"落霞与孤鹜齐飞，秋水共长天一色""闲云潭影日悠悠，物换星移几度秋"等诗句流传至今，经久不衰。而自王勃之后，王绪的《滕王阁赋》、王仲舒的《滕王阁记》、韩愈的《新修滕王阁记》等作品，更使滕王阁名扬天下。滕王阁历经宋、元、明、清几代，屡遭兴废，先后修葺达28次之多。现在的主体建筑高57.5米，建筑面积13000平方米，形成了阁、廊、亭的组群建筑，其艺术处理方式随着组群的性质、规模与大小进行不同的变化，给参观者以音乐的律动之美。2004年，滕王阁被国务院批准列入第五批国家重点风景名胜区名单。

　　湖北武汉黄鹤楼位于湖北省武汉市武昌区，地处蛇山之巅，濒临万里长江，为武汉市地标建筑，世称"天下江山第一楼"。三国孙吴黄武二年（223），吴王孙权修筑夏口城，于城西南角黄鹄矶建军事楼一座，用于瞭望守戍，此即"黄鹤楼"前身。泰始五年（469），祖冲之撰成志怪小说《述异记》，讲述有江陵人荀环在黄鹤楼遇见仙人驾鹤并与之交谈的故事，为"黄鹤楼"称谓最早出现的文字记载。唐开元十一年（723），诗人崔颢作"天下绝景"七律诗《黄鹤楼》，一句"黄鹤一去不复返，白云千载空悠悠"成就了黄鹤楼"文化名楼"的地位，黄鹤楼因此又有"崔氏楼"之称。历代文人墨客到此游览，留下不少脍炙人口的诗篇。现在的黄鹤楼通高 51.4 米，底层边宽 30 米，顶层边宽 18 米，正面匾额上悬挂书法家舒同题"黄鹤楼"三字金匾。1987 年，黄鹤楼被授予首届建筑工程鲁班奖。

湖南岳阳岳阳楼位于湖南省岳阳市岳阳楼区洞庭北路，地处岳阳古城西门城墙之上，紧靠洞庭湖畔，下瞰洞庭，前望君山，世称"天下第一楼"。东汉建安二十年（215），岳阳楼为横江将军鲁肃始建的"阅军楼"。北宋庆历五年（1045），岳州知军州事滕宗谅重修岳阳楼，并邀请范仲淹作《岳阳楼记》，其中"先天下之忧而忧，后天下之乐而乐"的名句格言，使得岳阳楼著称于世。岳阳楼主楼为长方形体，高 19.42 米，进深 14.54 米，宽 17.42 米，为三层、四柱、飞檐、盔顶、纯木结构，构型庄重大方。岳阳楼作为三大名楼中唯一保持原构的古建筑，1988 年被国务院公布为第三批全国重点文物保护单位。

◎ 延伸阅读

南京阅江楼

明朝开国皇帝朱元璋在称帝前，于南京狮子山以红、黄旗为号，指挥数万伏兵，击败了劲敌陈友谅 40 万人马的强势进攻，为建立大明王朝奠定了基础。洪武七年（1374）春，朱元璋欲在狮子山建一楼阁，亲自命名为"阅江楼"，并令在朝的文臣职事各写一篇《阅江楼记》。留传至今的有元末明初著名文学家、翰林大学士宋濂的《阅江楼记》，以及朱元璋亲自撰写的《阅江楼记》和《又阅江楼记》三篇文章。但当时天下初定，百废待兴，朱元璋经过深思熟虑，决定暂缓修建阅江楼。直到 2001 年，这座在 600 多年前就已经打下桩基的明代皇家建筑，才真正地拔地而起，结束了有记无

楼的历史。南京阅江楼与南昌滕王阁、武汉黄鹤楼、岳阳岳阳楼，并称为"江
南四大名楼"。2012 年， "阅江揽胜"被评为"新金陵四十八景"之一。

~~~~~~ **44**

长江流域的衣冠服饰有哪些特点？

服饰文化史也是长江流域文明史的一部分，古老而悠久。数千年来，
在漫长的岁月里，长江流域的人民创造了无数精美绝伦的服饰，表现出鲜
明的地域特色。

长江上游区域跨越了青藏高原、云贵高原和四川盆地，服饰类型丰富
且多样。受自然地理条件、生产生活方式和文化审美情趣的影响，藏族的
服饰藏袍以宽、长、大为基本特征，且非常讲究边饰，一般都要在袍服的
衣边和袖口处用橙、黄、绿、蓝、靛五色氆氇[①]镶成一寸宽的花边。云贵
高原因海拔高低悬殊，寒热各异，且居住生活在山林河谷中的民族有很多，
故而衣着装扮迥异多姿。例如云贵两地的苗族、布依族的蜡染图案丰富、
色调素雅；云南白族头饰花样多、线条分明，富有立体感。四川盆地气候
适宜，自古农桑发达，纺织、丝绸业兴旺，蜀锦花色品种繁多，极大地丰
富了本地区的服饰文化，也为中华服饰文化增色添彩。

长江中游的荆楚大地，环境独特，有山地、丘陵、平原、湖沼、河流，

---

① 藏语音译。亦称"藏毛呢"，藏族手工生产的一种羊毛制品。

自古就兼收南稻北粟之利，融夷夏文化于一炉，服饰风格浸润了楚文化的浪漫气息。在两湖地区，人们对红色服饰的青睐最为突出，千百年来，相因成习；湘西、鄂西一带居住的土家族，其服饰文化独具一格，特别是土家织锦"西兰卡普"，织工精细、图案丰富、色彩绚丽，极富魅力；楚地刺绣特别是中国"四大名绣"之一的湘绣，构图逼真、针法独特，给人以较强的立体感，为楚地服饰文化增加了异彩。

长江下游的吴越地处富饶的江南水乡，自然条件优越，农业和蚕桑业历来很发达，长江之水滋养了这里的丝绸、染织和刺绣工艺，使得服饰清新自然，充满了水乡情调。安徽的合肥挑花、庐阳花布、芜湖蓝印花布等极富地方特色，形成了粗犷与细腻、重色与轻色相结合的风格；苏州宋锦色泽华丽、图案精致、质地坚韧，苏绣精细典雅、图案秀丽、色彩雅观；南京云锦色泽瑰丽、美若云霞，纹样"图必有意，意必吉祥"，被列入联合国教科文组织《保护非物质文化遗产公约》人类非物质文化遗产代表作名录；杭州丝绸质地轻柔、色彩绮丽，且品种繁多，达十多个大类，几千个品种；上海服饰风格因开埠受外来文化的影响，领近现代中国服饰发展的潮流之先，形成了"海派服饰"文化。

45

长江流域的知名绣品种类有哪些？

苏绣的发源地在苏州吴县（今苏州吴中区和相城区）一带，苏州地处江南，濒临太湖，气候温和，盛产丝绸。优越的地理环境，绚丽多彩的锦缎，五光十色的花线，为苏绣发展创造了有利条件。在长期的历史发展过程中，苏绣在艺术上形成了图案秀丽、色彩和谐、线条明快、针法活泼、绣工精细的地方风格，被誉为"东方明珠"。从欣赏的角度来看，苏绣作品的主要艺术特点为山水分远近之趣、楼阁得深邃之体、人物具瞻眺生动之情、花鸟极绰约亲昵之态。在刺绣的技艺上，苏绣大多以套针为主，绣线套接不露针迹，常用三四种邻近色线相配，套绣出晕染自如的色彩效果。同时，苏绣在表现物象时善留"水路"，即在物象的深浅变化中，空留一线，使之层次分明，花样轮廓齐整。因此，人们在评价苏绣时往往以"平、齐、细、密、匀、顺、和、光"八个字进行概括。经过长期的积累，苏绣已发展成为一个品种齐全、内容丰富、变化多样的艺术门类。

汉绣是汉族传统刺绣工艺之一，以楚绣为基础，融汇南北诸家绣法之长，糅合出富有鲜明地方特色的新绣法。汉绣强调"花无正果，热闹为先"，一般从外围起绣，逐层向内走针，直到铺满绣面为止。汉绣构思大胆，色彩浓艳，画面丰满，装饰性强，流露出楚风遗韵。汉绣主要流行于湖北的荆州、荆门、武汉、洪湖、仙桃、潜江一带。1910 年和 1915 年，汉绣制品分别在南洋赛会和巴拿马国际博览会上获得金奖。2008 年，国务院公布第二批国家级非物质文化遗产名录，汉绣名列其中。2013 年，湖北省第一家民办汉绣博物馆——武汉汉绣博物馆，在汉阳江欣苑社区挂牌成立。

湘绣是以湖南长沙地区为中心的刺绣产品的总称。太平军起义失败后，长沙城里的商人们为了迎合这批因镇压太平军而发迹的新贵，开设了"顾绣庄"，不久又以湘绣之名压倒了顾绣[①]。湘绣的特点是用丝绒线（无拈

---

① 中国传统刺绣工艺的一种。指代表顾名世一家的刺绣技法和风格的刺绣品。

绒线）绣花，就是将绒丝在溶液中进行处理，防止起毛，这种绣品在当地被称作"羊毛细绣"。湘绣多以国画为题材，形态生动逼真，风格豪放，曾有"绣花花生香，绣鸟能听声，绣虎能奔跑，绣人能传神"的美誉。湘绣人文画的配色特点以深浅灰和黑白为主，素雅如水墨画；而湘绣日用品色彩艳丽，图案纹饰装饰性较强。

　　蜀绣，亦称"川绣"，指以成都地区为代表出产的四川刺绣。蜀绣历史悠久，据晋代常璩《华阳国志》记载，当时蜀中的刺绣已十分闻名，并把蜀绣与蜀锦并列，视为蜀地名产。蜀绣的纯观赏品相对较少，以日用品居多，绣制在被面、枕套、衣、鞋及画屏上，取材多数是花鸟虫鱼、民间吉语和传统纹饰等，颇具喜庆气息。清中后期，蜀绣在当地传统刺绣技法的基础上吸取了顾绣和苏绣的长处，一跃成为全国重要的商品绣之一。蜀绣用针工整、平齐光亮、丝路清晰、不加代笔，花纹边缘如同刀切一般齐整，色彩鲜丽。

46

历代描绘长江的著名画作有哪些？

　　长江是中华民族的母亲河，孕育了五千年中华文明，塑造了中国人民自强不息的优良品格，厚植着中华民族自立自信的根基。长江自古便成为画家笔下创作的重要主题，他们从不同的视角，通过特殊的表达形式来描绘、赞美长江，抒发对祖国大好山河的热爱和敬畏，产生了一批经典的长江主题美术作品。这些代表作品大致可分为古代、近代和现代三个时期。

一是古代描绘长江的代表画作。古代众多书画大师都钟情于长江上的大山大水，成就了一些名垂千古的描绘长江万千景象的历史性名作，其中极具代表性的有南宋夏珪和明代吴伟先后创作的《长江万里图》。夏珪的《长江万里图》现收藏于台北故宫博物院，手卷长达 11 米，分为前后两个部分：前半段以平视的角度表现长江三峡汹涌、奇峻的景观，后半段以俯视角度描绘江面上的活动和两岸景色。吴伟的《长江万里图》现收藏于北京故宫博物院，为绢本墨笔画，是画家为了怀念自己的家乡武昌而创作的长江沿途风景图，描绘了长江两岸壮丽的山川、江边错落有致的村落和两岸人们忙碌的生活景象。

二是近代描绘长江的代表画作。近代画家对长江的描绘与古人相比，景点更多，视野也更加开阔，代表画家有张大千、吴冠中等艺术巨匠。张大千的《长江万里图》，现收藏于中国台北历史博物馆，作品将万里长江美景集中展现于近 20 米的长卷之中，画中的主要景点起于长江上游的成都市都江堰，沿江流自上而下，穿过三峡，越过江南，最后在下游的上海长江口汇入大海，布局宏大，浑然天成。吴冠中的《长江万里图》特别注重时间和空间的立体表达，同时融手卷的传统形式和西画技法于一体，内容上既有长江秀美的山水风景，更有两岸人们生产生活的鲜活景象，集中反映了画家以气势取胜的艺术风采。

三是现代描绘长江的代表画作。新中国成立以后，在党中央制定的艺术"二为"方向和"双百"方针指引下，长江山水画的旅游写生创作进一步高涨，尤其傅抱石带领江苏省国画院一众画家进行的"两万三千里壮游写生"，创作出了相当数量的以长江两岸景色为内容的山水画。傅抱石多次亲临长江三峡，激发出了不竭的创作热情，《三峡行》《西陵峡》《峡江行》《峡江轮船图》《峡江行船》《三峡行舟图》《三峡图卷》等系列长江三峡题材作品的不断问世，成为这一时期长江题材画作中的佼佼者。
1961 年 5 月，此次写生汇报画展在中国美术馆举办，展览命名为"山河
新貌"，时任中国文联主席郭沫若挥笔写就《参观〈山河新貌〉画展题》：
"真中有画画中真，笔底风云倍如神，西北东南游历遍，山河新貌貌如新。"①
此展标志着"新金陵画派"的正式崛起。

47

长江流域有哪些代表性的石刻艺术？

石刻属于雕塑艺术，是运用雕刻的技法在石质材料上创造出具有实在
体积的艺术品。长江流域多高山、峡谷，盛产适宜雕刻的石材，古代艺术
家和匠师们在长江及其支流两岸，广泛地运用圆雕、浮雕、线刻等各种技
法，创造出风格各异、生动多姿的石刻艺术品，最具代表性的有乐山大佛、
大足石刻和安岳石刻等。

乐山大佛，又名"凌云大佛"，位于四川省乐山市南岷江东岸凌云寺
侧，濒大渡河、青衣江和岷江三江汇流处。大佛开凿于唐开元元年（713），
历时约 90 年。乐山大佛，佛头与山齐，足踏大江，双手抚膝，体态匀称，
神色肃穆，依山凿成，临江危坐。大佛通高 71 米，头高 14.7 米，头宽 10
米，发髻 1051 个，从膝盖到脚背高 28 米，脚背宽 8.5 米，脚面可围坐百

---

① 郭沫若：《参观〈山河新貌〉画展题》，载《美术》1961 年第 4 期，第 63 页。

人以上，是世界上最大的一尊摩崖石刻造像。乐山大佛景区是世界文化与自然双重遗产峨眉山－乐山大佛的组成部分，属国家 5A 级旅游景区。

大足石刻位于重庆市大足区境内，多为唐、五代、宋时所凿造。现为世界文化遗产、世界八大石窟之一。大足石刻共 23 处，较集中的有 19 处，以宝顶山摩崖造像规模最大，造像最精美。除佛教造像和道教造像外，也有儒、佛、道同在一龛窟中的三教造像，代表了 9—13 世纪世界石窟艺术的最高水平，从不同侧面展示了唐宋时期中国石窟艺术风格的重大发展和变化，是人类石窟艺术史上的丰碑。大足石刻以规模宏大、雕刻精美、题材多样、内涵丰富、保存完好而著称于世，被联合国教科文组织列入《世界遗产名录》，为全国重点文物保护单位和国家 5A 级旅游景区。

安岳石刻位于四川省资阳市安岳县，距今约 1300 年的历史，始凿于南北朝，盛于唐、五代和宋，分布比较集中。全县有摩崖石刻造像 105 处，多为中国佛教与道教混合的石刻造像，有 10 万尊左右，其中高 3 米以上

图 2-5　乐山大佛

的有上百尊，多是我国石刻艺术成熟和鼎盛时期的作品，具有很高的艺术价值。造像风格除少数体现了敦朴、粗犷的魏晋风骨外，大多体现体态丰满、雍容华贵的唐代气息，也有一些表现为精细华美、璎珞盖身的宋代特征。安岳石刻享有"古、多、精、美""上承敦煌，下启大足"的美誉。2000 年 9 月，资阳安岳被国家文化部评为"中国石刻艺术之乡"。

除此之外，位于长江流域的仁寿高家大佛、荣县大佛、广元千佛岩、夹江千佛岩、栖霞山千佛岩、杭州飞来峰石刻等，也因年代久远、气势磅礴、线条流畅、造型优美、神韵飘然，成为古代佛教雕刻艺术中的瑰宝。

48

《临江仙·滚滚长江东逝水》写的是长江沿岸的哪座城市？

"滚滚长江东逝水，浪花淘尽英雄。是非成败转头空。青山依旧在，几度夕阳红。白发渔樵江渚上，惯看秋月春风。一壶浊酒喜相逢。古今多少事，都付笑谈中。"这首世人皆知的《临江仙·滚滚长江东逝水》，是明代文学家杨慎创作的一首词，但很少有人知道这首词创作于长江的哪个地方。从诗人履历、地理要素、词作内容等方面论证，这首词应创作于长江边上的江阳，也就是今天的四川省泸州市。

从诗人履历来看，杨慎，字用修，初号月溪、升庵，又号逸史氏、博南山人、洞天真逸、滇南戍史、金马碧鸡老兵等，四川新都（今成都市新都区）人。明代文学家、学者、官员，文学造诣居"明代三才子"之首。嘉靖三年（1524）卷入"大礼议"事件，触怒世宗，被杖责罢官，谪戍云南永昌卫。在杨慎漫长的放逐生涯中，15 次在云南与四川之间往返，因为泸州有亲戚，他每次都要经过长江边的泸州，而《临江仙·滚滚长江东逝水》便由此而来。

从地理要素来看，长江的许多支流如岷江、沱江等都是从北向南流，只有宜宾、泸州的长江水向东流去。词中所提的淘尽的英雄，除杨慎外，四川还有唐代陈子昂、宋代苏轼等人，也感叹杜甫、黄庭坚、陆游、范成大等留下的诗章。泸州，古称"江阳"，别称江城，地处长江上游，长江支流沱江、赤水河、永宁河在此汇入长江，是内地通往滇黔的咽喉孔道。这里有上游长江的滚滚东流，有长江两岸的青山，有长江上游人民酿造的浊酒，有杨慎的亲戚在此居住，有包括杨慎本人等一班放逐边关的英雄到此，有四川特有的地理大坡度，有长江中的小岛陆地，等等。诸多要素为《临江仙·滚滚长江东逝水》提供了"触景生情"的创作基础。

从词作内容来看，涉及"临江仙""长江""滚滚浪花""东逝水""淘尽英雄""青山依旧""白发渔樵""江渚""浊酒""喜相逢"等十大自然要素，只有同时满足的地方，才是作品的诞生地。第一看词牌名《临江仙》，杨慎作为犯人潜居泸州，显然是隐士，是"仙"；第二必须看得到长江；第三必须有滚滚浪涛（地理坡度大）；第四江水必须向东流（东逝水）；第五必须有英雄（落难大文豪）；第六必须有青山（生态环境好）；第七必须有打鱼砍柴人（白发渔樵）；第八必须有"江渚"（江岸）；第九必须有酒（浊酒）；第十必须有亲人朋友（喜相逢）。把最可能的地方如长安、江陵、襄阳、昆明、泸州、宜宾等进行对比分析发现，能够同时满足这十大要素的地方只有泸州一地。

◎ **延伸阅读**

"酒城"泸州

自汉代以来，酿酒、饮酒在泸州就很盛行，到宋代已是"江阳酒有余"，成为全国征收商税最高的 26 个城市之一，其中酒税占整个商税的 33.6%。到了明代，"江阳酒熟花如锦"，醇香浓郁的泸州大曲酒便问世了，保留至今的遗产有中国非物质文化遗产"泸州老窖生产工艺"、全国首批工业旅游示范点"明代泸州老窖窖池"和国家级重点保护文物。1915 年，在巴拿马太平洋万国博览会上，泸州老窖曲酒荣获金质奖，成为最有影响力的中国名酒之一。1916 年，朱德随蔡锷起兵讨袁后，驻扎泸州。是年除夕，朱德赋诗抒怀："护国军兴事变迁，烽烟交警振阓阓；酒城幸保身无恙，检点机韬又一年。"泸州因此得名"酒城"。1983 年，胡耀邦视察泸州，亲自感受了扑面的酒香之后，也称赞"酒城泸州，名不虚传"。2012 年，泸州正式获得中国文物学会、中国名城委冠名的"中国酒城"称号。

绿色生态

49

"万里长江"只有"万里"长吗？它有多少条较长的支流？

　　长江全长 6397 千米，按照华里计就是 12794 里，因此"万里长江"实际上已远远超过了"万里"。她是中国乃至亚洲的第一长河，是世界上完全在一国境内的最长河流，也是世界第三大流量的河流（流量仅次于非洲尼罗河和南美洲亚马孙河）。长江从青藏高原唐古拉山主峰各拉丹冬雪山西南侧的沱沱河奔流而下，一泻千里，先后流经青海、四川、西藏、云南、重庆、湖北、湖南、江西、安徽、江苏、上海 11 个省（区、市），沿途汇纳 700 余条支流后，在上海市崇明岛注入东海。

　　长江水系呈树枝状，支流"左右逢源""南北辐辏"，沿程河网密布、水量递增，真可谓"远似银藤挂果瓜，近如烈马啸天发。雄浑壮阔七千里，通络润滋亿万家"。从沱沱河至宜昌段为上游，长 4504 千米。其右岸相继接纳当曲、布曲、普渡河、牛栏江、横江、大渡河、绰斯甲河、赤水河、西汉水、涪江、乌江、芙蓉江、清江等主要支流，左岸相继接纳楚玛尔河、雅砻江、鲜水河、安宁河、岷江、沱江、嘉陵江、渠江、大通江、州江、六冲河等主要支流。这些支流流经山区，河道狭窄，水流湍急，侵蚀作用强烈，河床下蚀严重，多有瀑布峡谷，最著名的当数虎跳峡。从宜昌到江西湖口段为中游，长 955 千米。其左岸接纳长江最长支流汉江，右岸接纳湘、资、沅、澧等洞庭湖水系和赣、抚、信、修、饶等鄱阳湖水系。这些河段流经平原，湖泊星罗棋布，河道蜿蜒曲折，有"九曲回肠"之称，水系复杂多变，防洪形势严峻。从湖口到崇明岛东面入海口段为下游，长 938 千米。其左岸相继接纳皖河、滁河、巢湖水系，右岸相继接纳青弋江、水阳江、漳河、太湖水系和黄浦江。同时淮河也有部分水量（淮河主流）在左岸扬州三江营汇入长江，南北大运河在扬州与镇江间穿越长江。这些密布在长江南北两侧的支流、湖泊、水库、人工运河与长江干流一起，汇成了长江的庞大水系。

~~~~~~~~~~~~~~~~~~~~~~~~~~~~~~~~~~~~~~ # 50

长江水量到底有多大？流域面积究竟是多少？

长江多年平均年径流量达 9795 亿立方米 / 秒，占全国河川径流总量的 36%，是黄河径流量的 20 多倍，是鄱阳湖蓄水量的 27 倍，为亚洲之最，居世界第三。这主要得益于长江流域大多处于亚热带季风性湿润气候，降水丰、汛期长、流程长，加之流域面积广大，河道支流众多，沿程不断增水，所以长江日夜奔流、从未停息。具体地讲，上游地区降水虽少，但流域甚广，支流大长，故水量占到总径流量的 46.4%；中游地区流域面积虽小，但常年多雨，来水量大，水量约占总径流量的 47.3%；下游地区因无大支流汇入，水量只占总径流量的 6.3%。

长江水系发达，拥有 700 多条支流，正是因为这些支流的汇集，成就了浩浩长江的汹涌澎湃。雅砻江、岷江、嘉陵江、乌江、沅江、湘江、汉江和赣江 8 条支流的多年平均径流量都远超黄河水量。其中，汉江全长 1577 千米，当数长江最长的支流，常与长江、淮河、黄河并称"江淮河汉"，其干流所在地区地势较为平坦，主要包括汉中谷地和江汉平原，全流域 95% 的河流都可通航，通航里程超过 4300 千米，自古以来的内河航运十分发达；嘉陵江流域面积 16 万平方千米，当数长江流域面积最大的支流，历来就是沟通南北的黄金水道；岷江年均径流量为 900 多亿立方米，当数长江径流总量最大的支流，干支流洪峰重叠遭遇，容易造成干流峰高量大，严重威胁中下游安全。

长江流域面积 180 余万平方千米（不包括淮河流域），约占全国土地总面积的 18.75%，是黄河流域面积的 2.5 倍。横跨西南、华中、华东三大地区，地势西北部高、东南部低，呈东西长、南北短的狭长形状。就长江支流而言，流域面积在 8 万平方千米以上的一级支流有雅砻江、岷江、嘉陵江、乌江、湘江、沅江、汉江、赣江 8 条；流域面积在 1 万平方千米以上的支流有赤水、清江等 49 条；流域面积在 100 平方千米以上的支流有旬河、丹江等 219 条。

51

长江流域的地形地貌有什么特点？

按形态成因类型和逐级区划原则，长江流域的地貌可分三大地貌阶梯：一是广元—雅安以西的高原高山区，其北部为高原浅谷区，这里海拔在 4500—5000 米，其南部为金沙江高山峡谷区，海拔一般在 3000—4500 米；二是襄阳—宜昌—凯里以西的中部中山低山区，其北侧为秦巴山地区，中部为四川盆地，南侧为鄂黔山地区；三是襄阳—宜昌—凯里以东的东部丘陵平原区，其北侧为淮阳低山丘陵，中部为长江中下游平原，南部为江南低山丘陵区。

从长江流域地貌的外营力来看，其形成原因主要是流水作用，其次是喀斯特作用与冰川作用。长江中下游地区地势低平，河水以侧蚀为主，形成宽而浅的 U 型谷地，通过水流作用，把侵蚀物质搬运到堆积区内，沉积形成平原和河口三角洲，成都平原就是由岷江和沱江等河流冲积而成。湘西、鄂西、川南与云贵高原，则主要是因为喀斯特的强烈作用，形成了石林、溶沟、漏斗、溶洞等典型的喀斯特地貌。至于青藏高原、横断山，主要是因冰川侵蚀形成。

据统计，长江流域以高原、山地和丘陵盆地为主，占流域面积的84.7%；平原面积较小，仅占流域面积的11.3%；河流、湖泊和水库较多，约占流域面积4%。从全国地层统一区域来看，长江流域的地层分属五大地层区：其干流部分，主要属于扬子地层区；江源通天河及金沙江上中游的绝大部分，属于特提斯地层区；西南边缘区域，属于藏滇地层区；流域中游的北缘区域，属于秦岭地层区；湘西赣南区域，属于华南地层区。

52

长江沿岸防护林是何时建设的？

没有森林，就没有长江的安澜。长江流域的森林资源一度遭到严重破坏，导致生态环境恶化，洪涝、旱灾、泥石流成为长江流域的三大灾害。为改善长江流域日益恶化的生态环境，保护母亲河，促进长江流域经济发展，在1986年4月全国人大六届四次会议通过的《国民经济和社会发展第七个五年计划》中，明确提出要"积极营造长江中上游水源涵养林和水土保持林"。林业部据此组织编制了《长江中上游防护林体系建设一期工程总体规划》，国家计划委员会以计农经〔1989〕736号文批复了该规划。1989年6月，该工程正式实施，这一工程涉及西藏、四川、湖北、江西等17个省（区、市）的1038个县（市、区），工程区面积达220万平方千米。工程实施 30 多年来，累计完成造林 1184 万公顷。长江沿岸防护林体系建设工程是我国继三北防护林体系建设工程之后组织开展的、针对大江大河生态保护的又一项国家重点生态工程，也是全球第一个进行大江大河全流域治理的超级生态工程，被列为世界八大生态工程之一。

　　长江防护林工程主要分三期进行。一期工程（1989—2000）建设重点是恢复植被，范围包括长江中上游地区的江西、湖北、湖南、四川、贵州、云南、陕西、甘肃、青海 9 省 145 个县（市、区），到 2000 年，累计完成造林 651 万公顷。二期工程（2001—2010）建设区域扩大到整个长江流域、淮河流域及钱塘江流域，涉及 17 个省（区、市）的 1035 个县，到 2010 年，累计完成造林 352.3 万公顷。三期工程（2011—2020）延续二期工程的建设范围，到 2020 年，长江防护林三期工程累计完成造林 180.8 万公顷。

　　遥望一片绿，激起万千漪。长江防护林工程不仅构筑了工程地区防护林体系的基本骨架，而且有力地推动了全流域造林绿化事业的发展，在社会、经济和生态等多方面都取得了显著成效，探索出根治生态环境的成功模式——实行大江大河全流域综合治理。长江防护林的建设促进了中国生态的可持续发展，推动了长江流域经济、社会和生态的发展，也让"绿水青山就是金山银山"这一观念深入人心。

~~~~~~~~~~~~~~~~~~~~~~~~~~~~~~~~~~~~~~~ 53

"长江三峡"有何神奇之处？

从奉节县白帝城开始，长江进入第一阶梯向第二级阶梯穿行的艰难旅程，先后经瞿塘峡、巫峡、西陵峡，全长 193 千米，可谓"一波三折"，艰险重重。

瞿塘峡，亦称"夔峡"，西起奉节白帝城，东至巫山大溪镇，全长 8 千米，以雄伟壮观著称，特别是入口两岸，断崖壁立，形如门户，名称"夔门"，凸显出"镇全川之水，扼巴鄂咽喉"的雄伟气势。

巫峡，西起大宁河口，东至巴东县官渡口，全长 46 千米，以幽深秀丽著称。先后经金盔银甲峡、箭穿峡、铁棺峡、门扇峡，整个峡区群峰竞秀，气势峥嵘，处处美景，景景相连。有的若金龙腾空，有的如雄狮昂首，有的像少女远眺，有的似凤凰展翅，千姿百态，妩媚动人，如同一条迂回曲折的江上画廊。因峡中多雾，便有了"曾经沧海难为水，除却巫山不是云"的千古绝唱。

西陵峡，西自秭归香溪口，东到宜昌南津关，全长 66 千米，以险滩急流闻名。兵书宝剑峡、牛肝马肺峡、崆岭峡、灯影峡、黄猫峡等峡谷自西向东依次经过，青滩、泄滩、崆岭滩、腰又河等险滩先后相接，特别是崆岭滩，被誉为长江三峡的"险滩之冠"，航道弯曲狭窄，滩中礁石密布，枯水期如石林列布江面，涨水时成暗礁隐没水中，即便是行船老手，也有可能马失前蹄，遂有"青滩泄滩不算滩，崆岭才是鬼门关"之说。

被历代文人墨客讴歌的神女峰，就在距重庆市巫山县城东 15 千米的巫峡北岸绝壁之上。一根巨石突兀于青峰云霞之中，宛若一位身披薄纱、

图 3-1　巫山神女峰

亭亭玉立、含情脉脉的少女，故名"神女峰"。

54

"中华淡水塔"在哪？它与长江有什么关系？

　　青藏高原的腹地被誉为地球中低纬度高海拔永久冻土和山地"冰川王国"，占我国冰川总储量的 80%，属全球第二大冰川聚集地；同时，这里湖泊众多，大小湖泊近 1800 余个，占我国湖泊总面积的 52%。其丰富的水源与巨大的落差，使得青藏高原如同一个巨大的"水塔"，向周边低地源源不断地输送淡水资源，成为印度河、恒河、雅鲁藏布江等亚洲河流的源头活水，也是长江源头沱沱河、黄河源头卡日曲、澜沧江(国外称"湄公河")源头扎曲等多条大河的集中发源地，素有"中华水塔"之美誉。

　　然而，由于全球气候变暖的影响及人为的因素，这里冰川退缩、冻土退化、冰湖溃决，冰崩、泥石流等灾害风险加剧，生态环境不容乐观。据研究表明，过去50年来，以青藏高原为核心的世界"第三极"，已成为全球变暖最强烈的地区，每10年升温幅度高达0.3—0.4℃，是同期全球其他地区平均值的两倍。与此同时，该地区降水量则每10年增加2.2%。可见，世界屋脊正在变暖、变湿。"变暖"加快了冰川融化速度，导致冰体温度升高。据统计，过去50年，"亚洲水塔"的冰川储量减少了20%左右。青藏高原及其相邻地区的冰川面积退缩了15%，由5.3万平方千米缩减至4.5万平方千米。有科学家警告到2100年，曾经供养亚洲各大河流的冰川有2/3将会消失。而"变湿"则增大了冰川的物质积累，加快了冰川运动速度。记录表明，在冰雪消融的润泽下，青藏高原的湖泊和河流都开始了各自的"扩张之旅"。仅1976—2010年，青藏高原中部江湖源

图3-2　三江源自然保护区

的色林错、纳木错、巴木错、蓬错、达如错和兹格塘错等 6 个湖泊的面积扩张了 20.2%，直接导致雅鲁藏布江、印度河等河流的径流量逐年递增。

　　伴随着冰川融化速度加快，冰雪融水不断注入，冰川崩塌、洪涝灾害、下游溃决等现实风险加剧，亚洲水塔崩溃，无冰可以消融，20 多亿人口出现严重缺水的淡水危机。因此，必须将三江源保护作为我国生态文明建设的重中之重，设立三江源国家公园，筑牢国家生态安全屏障，确保"中华水塔"丰盈常清，永续东流。

◎ **延伸阅读**

三江源国家公园

　　三江源国家公园位于青海省南部，由长江源、黄河源、澜沧江源 3 个园区组成，面积约 12.31 万平方千米（试点区域），相当于 7 个半北京市、13 个黄石国家公园，是中国面积最大的国家公园。这里山系绵延、地势高耸，平均海拔 4500 米以上，从东南向西北分布着由高山灌丛、高寒草甸、高寒草原、高寒荒漠组成的高寒生态系统。这里河湖湿地面积广阔，湖泊型湿地、河流型湿地和沼泽型湿地面积达 29842 平方千米。

　　三江源国家公园于 2021 年 9 月 30 日由国务院批复同意设立，是中国第一个国家公园体制试点公园，肩负着为中国生态文明制度建设积累经验、为国家公园建设提供示范的使命。

~~~~~~~~~~~~~~~~~~~~~~~~~~~~~~~~~~~~ 55

长江流域的土壤有什么特点?

受植被、气候、地貌、成土母质等自然因素以及人类生产活动等社会因素影响,长江流域从亚热带到寒带土壤类型种类多样。据统计,全流域共有 26 个土类、72 个亚类,最具有代表性的是水稻土。水稻土是由冲积土、紫色土、黄壤、红壤等母土,经过长期蓄水种植水稻后发育形成的一类特殊土壤。一般具有土层深厚,含有机质和磷、钾较多,呈中性至微酸性等特点,故土质较肥。长江流域从 3 世纪开始广泛栽培水稻,目前已遍及全流域,从滨海平原到海拔 2400 米的高原均有分布。流域内水稻土面积达 14.05 万平方千米,占耕地面积的 57.73%,尤以长江中下游平原和四川盆地最为集中。

总体看来,长江流域的土壤具有三大显著特点。一是土壤资源类型众多。除水稻土纲的水稻土外,还有淋溶土纲的黄棕壤,半水成土纲的潮土,富铝土纲的红壤、黄壤,岩性土纲的紫色土、石灰土,以及高山土纲的亚高山草甸土、高山草甸土、高山冻原土、高山寒漠土等多种类型。仅武汉市土壤种类就有 8 个土类、17 个亚类、56 个土属、323 个土种。

二是土壤资源规律分布。长江流域土壤分布主要有水平地带性和垂直地带性两种:长江干流地区多水平地带性分布,如江南的中亚热带气候区发育了红壤、黄壤,江北的北亚热带气候区则发育了黄棕壤,四川盆地西北边缘的暖温带气候带下发育了棕壤,而靠近甘南的白龙江则发育了黄壤和褐土之间的土壤——黄褐土,其分布与纬度基本一致,呈明显的纬度水平地带性分布规律,并自南向北随气温带变化而变化;江源地区土壤属于高山土系列，土壤有机质腐殖化程度低、矿物质分解弱、粗骨性强，呈明显的垂直地带性分布规律，谷底分布亚热带土壤、山腰出现温带土壤、山顶出现寒温带土壤和寒冻土壤的情况十分常见。除地带性土壤外，长江流域还有多种非地带性土壤，如受成土母质影响形成的紫色土、石灰土，受地下水影响形成的潮土、沼泽土、泥炭土，盐渍土，受人为耕作影响形成的水稻土，等等，在流域内都可见到。

三是土壤资源利用合理。长江流域绝大多数地方土地平坦、土层深厚、土壤肥沃，土地资源的自然属性优越，适宜发展大农业。水稻土绝大部分用于水田，一小部分用于旱地；平原的黄棕壤多用于发展水田和旱地，丘陵的黄棕壤多用于发展用材林①；紫色土多用于发展旱地和经济林；红壤地区水热条件优越，多种植经济作物及油桐、茶叶、桑树等经济林木；黄壤地区植被较好，土层较厚，腐殖质丰富，适宜发展粮食生产和多种经营。

56

～～～～～～～～～～～～～～～～～～～～～～～～～～～～～～～～

长江流域有哪些珍稀植物？

长江流域土地面积辽阔，地形地势复杂，气候类型多样，形成了千姿百态的生境，繁衍着种类繁多的生物资源，构成了五彩缤纷的生物世界，堪称我国生物资源的宝库。就长江流域珍稀濒危植物和国家重点保护植物

---

① 以生产木材为主要目的的森林。

来说，具有以下显著特点：一是植物种类繁多。长江流域现有珍稀濒危植物种类 154 种，占全国总数的 39.7%，列入国家重点保护植物 126 种，占全国总数的 52.9%。二是植物起源古老。长江流域的芒苞草皮、白豆杉、银鹊树，以及银杏、领春木、水青树等都属于单、少型植物，它们大多是在新生代第三纪前后繁茂起来，经过第四纪冰期作用残留下来的古老树种，是长江流域植物起源古老性的典型代表。三是特有植物丰富。中国 4 种特有科——银杏、珙桐、杜仲和芒苞草科，以及二类保护植物银杏、鹅掌楸等古老、珍稀、孑遗的植物在长江流域都有分布。

被誉为植物王国"活化石"的水杉，起源于中生代白垩纪，其时人类的祖先——古猿都还未出世。水杉的拉丁文意为"古老的世界爷"，水杉是古代遗留下来的珍贵、稀有、孑遗树种之一。水杉早在中生代白垩纪及新生代就已广泛分布于北半球，由于 250 万年前的气候骤变，这类植物几乎绝灭于世，植物学界的科学研究也只能靠白垩纪地层中的水杉化石来进行。1943 年，植物学家王战在四川万县磨刀溪发现水杉，引起了世界植物界的轰动。水杉现已列为《国家重点保护野生植物名录》中的一级保护植物，同时，它也是最受民众欢迎的绿化树种之一。

银杏，俗称"白果树"，又叫"公孙树"，早在 3.45 亿年前的石炭纪就繁盛于世，与动物界的恐龙属于同一时代，是现存种子植物中最古老的孑遗植物，已列为《国家重点保护野生植物名录》中的一级保护植物。第四纪冰川运动，气温突然变冷，绝大多数银杏类植物濒于绝种，而因我国西南地区自然条件优越，银杏才得以奇迹般地保存。银杏具有突出的观赏、经济、药用价值。

被誉为"植物界的大熊猫"的珙桐，又名中国鸽子树、手帕树，属国家一级重点保护植物中的珍品，是距今 6000 万年的新生代第三纪古热带植物区系的孑遗种。与其他古老珍稀植物一样，第四纪冰川运动导致大部

图 3-3　平武县水田乡珙桐花林

分地区的珙桐相继灭绝，唯在我国西南和中部湖北一些山地区域得以幸存。每逢春末夏初，珙桐花含芳吐艳，犹如千万只白鸽栖息枝头，满含和平友好之誉，成为世界著名的观赏植物。

有"蕨类植物之王"赞誉的桫椤，别名蛇木，属桫椤科，是现今全球仅存的木本蕨类植物和地球史上最早的陆生植物，极其珍贵，堪称国宝，被众多国家列为一级保护的濒危植物，亦有"活化石"之称。它对研究物种的形成和植物地理区系具有重要价值，还有较高的药用价值。

被称为"抗癌树种"的红豆杉，属红豆杉科，是第四纪冰期遗留下来的古老树种，在地球上已有250万年的历史。因生长着与红豆一样的果实，故得名"红豆杉"。它的根、茎、叶、皮、种子内均含有紫杉醇，而紫杉醇有抗癌作用。正是因为它能提取抗癌药物紫杉醇，其野生资源曾一度受到严重破坏，万幸的是我国已将红豆杉属所有种类列入《国家重点保护野生植物名录》，保护级别为一级，也被列入《濒危野生动植物种国际贸易公约》附录Ⅱ的濒危物种。

被排在世界五大庭园树木第一位的金钱松，是我国特有树种，也是全世界唯一的一种，主要分布于我国长江流域的山地。它的树干挺拔，树冠宽大，叶片条形，在长枝上呈螺旋状散生，在短枝上呈 15—30 枚簇生，向四周辐射平展；秋后变金黄色，圆如铜钱，也因此而得名。现在已为世界各国植物园广为引种。

57

长江流域有哪些水生珍稀动物？

长江是生物多样性最典型的生态河流，这里有许多珍稀的水生动物。据统计，长江流域共有淡水鱼类 378 种，特有鱼类 194 种，国家一、二级保护水生野生动物 29 种。

被誉为"水中的大熊猫"的白鱀豚，属鲸类淡水豚类，是中国特有珍稀水生哺乳动物，是中新世及上新世延存至今的古老子遗生物，已在长江生活大约 2500 万年。它被世界自然保护联盟列入极危动物名录，是世界上 12 种最濒危的动物之一，也是研究鲸类进化的珍贵"活化石"，主要生活在长江中下游及洞庭湖、鄱阳湖等水域。

被誉为"水域精灵"的长江江豚，是国家一级保护野生动物。江豚，亦称"江猪"，其体型较小，头部钝圆，额部前凸，吻部短阔，性情活泼。它是长江水生生物保护的旗舰物种，是评估长江生态系统健康的重要指示物种。2022 年 9 月 19 日，继 2006 年、2012 年和 2017 年后的第 4 次长江全流域江豚科学考察在南京正式启动，这是自 2021 年长江十年禁渔实施后进行的首次流域性物种系统调查，对于摸清长江江豚的"家底"、保护江豚乃至整个长江生态系统具有极为重要的意义。2023 年 2 月，国家农业农村部公布了全流域长江江豚科考结果：目前长江江豚种群数量约为 1249 头，其中长江干流约 595 头、鄱阳湖约 492 头、洞庭湖约 162 头。这是有监测记录以来，长江江豚种群数量首次实现止跌回升。

被称作"一帆风顺"的胭脂鱼为卵生动物，又名黄排、血排、粉排、火烧鳊、木叶盘等。胭脂鱼体型奇特，色彩鲜明，游动文静，享有"亚洲美人鱼"的美称，属迄今所知分布于我国的唯一亚口鱼科，也是中国特有的淡水珍稀物种。

当然，说到长江水里的"动物明星"，就不能不说到中华鲟，它是一种大型洄游性鱼类，最大个体能达到 5 米，体重 600 千克，身长可达 4 米，是鱼类中的庞然大物，有"长江鱼王"的称号。它所属的鲟鱼类都是在距今约 1.4 亿年的中生代末期的上白垩纪出现的与恐龙同时代的现存种，是中国特有的珍稀鱼类，具有重要的学术研究价值，有着"国宝活化石"的美称，被列入世界自然保护联盟濒危物种红色名录中的极危级别，也被列入中国国家重点水生野生保护动物一类级别。

中华鲟平时主要栖息于北起朝鲜西海岸、南至中国东南沿海的大陆架地带，它们一般会在海洋里生活 9—18 年，待性腺发育接近成熟后，便成群结队向长江洄游至四川宜宾及金沙江下段产卵繁殖，然后和幼鲟顺江而下，回到东海、黄海的深水中成长。由于长江葛洲坝水利枢纽工程修建后截断了中华鲟由海入江繁殖的洄游通道，宜昌产卵场也受到严重影响，这对中华鲟的生存影响极大。为使中华鲟保存下来，我国成立了中华鲟人工繁殖研究机构，建立了宜昌中华鲟自然保护区和上海长江口中华鲟自然保护区。从 2002 年开始，逐年实行放流，并获得成功。

此外，长江流域还有达氏鲟、白鲟、松江鲈鱼、大鲵、细痣疣螈、川

图 3-4　子母白鱀豚

陕哲罗鲑等多种水生动物。

◎ 延伸阅读

长江江豚的"独立宣言"

一直以来，学术界认为长江江豚与东亚江豚是窄脊江豚的两个亚种。2018 年 4 月，《自然》杂志子刊《自然通讯》正式发表了南京师范大学生命科学学院教授杨光团队的研究成果。这项研究通过将不同水域 48 个江豚样本的基因组进行系统分析，发现了长江江豚与海洋江豚之间存在着显著而稳定的遗传分化，这一证据直接证明了长江江豚不再是窄脊江豚的亚种，而是一个独立物种。这也让世界鲸豚类物种从 89 种增加到了 90 种。所以，江豚有三种，即印太江豚、东亚江豚和长江江豚，前两种生活在海里，而长江江豚生活在淡水中。

～～～～～～～～～～～～～～～～～～～～～～～～～～～ **58**

长江流域有哪些陆上珍稀动物？

长江流域地貌类型多样，气候类型复杂，植物种类繁多，特别是某些地块免遭第四纪冰川覆盖，受水平地带性和垂直地带性多种因素影响，形成了一系列特有的生物生境，使流域内生物具有多样性和独特性。按 2021 年颁布的《国家重点保护野生动物名录》，长江流域范围内现有珍贵陆生脊椎动物 67 种，其中属国家一类保护种类有 25 种，二类保护种类有 42 种。其珍稀物种数量之多，居全国各大流域之首。

扬子鳄，又称中华鳄，或称作鼍。其头部扁平，身披鳞甲，尾部扁长，掘穴而居，以鱼、虾、蛙、鼠、螺等为食。因主要分布于安徽、浙江、江苏三省境内的长江沿岸，故称"扬子鳄"。它与恐龙属同一时代，有 1.5 亿多年进化史，但现存数量非常稀少，已濒临灭绝，被列为国家一级保护动物，是研究中生代爬行动物的"活化石"。

川金丝猴，亦称"仰鼻猴"。属灵长目猴科，其毛质柔软，色泽金黄，鼻孔大而向上翘，嘴唇厚而无颊囊。以植物性食物为主，喜深居山林，结群生活。川金丝猴分布范围很窄，仅分布在四川、甘肃、陕西、湖北。现存数量很少，属国家一级重点保护动物，我国特有种[①]，被列入《濒危野生动植物种国际贸易公约》附录Ⅰ。

藏羚羊，亦称"藏羚"。栖息在海拔 4000—5000 米的高原地带，善于奔跑，因此被称作"高原精灵"。藏羚羊绒轻软纤细，弹性好，保暖性

---

① 指仅分布于某一地区范围内，而不在其他地区自然分布的动植物种。

图 3-5　麋鹿（张燕宁　摄）

极强，被称为"羊绒之王"。成年雄性脸部呈黑色，腿有黑色标记，头上长有竖琴形状的角，用于御敌。它们主要以禾本科、莎草科及其他沙生植物的嫩枝、茎、叶为食。藏羚羊主要分布于以羌塘为中心的青藏高原地区，是青藏高原动物区系 ① 的典型代表，我国特有种，国家一级保护动物，具有难以估量的科学价值。

　　华南虎，又称中国虎，系中国特有的虎种。其头圆耳短，体型修长，四肢粗大有力。全身呈橙黄色并布满黑色横纹，胸部和腹部杂有乳白色毛，接近老虎的直系祖先——中华古猫，主要以有蹄类动物为食，有时也会捕食在地面上活动的灵长类动物。主要分布在中国南部。1994 年中国南方最后一只野生华南虎被射杀后，自此再没有确凿证据证明野生华南虎种群的存在。华南虎为中国十大濒危动物之一。

_____

　　① 指生存在某地区或水域内的一定地理条件下和历史上形成的许多动物类型的总体。可以按自然地理区域、分类系统、生境的共通性、生活方式、历史时期以及生产实践意义等原则来划分。

麋鹿，被称为"四不像"。角像鹿角，但不是鹿；颈像驼颈，却不是驼；尾像驴尾，而不是驴；蹄像牛蹄，又不是牛。雄鹿角枝的形态十分特殊，没有眉叉，主干离头部一段距离后，分前后两枝，前枝再分两叉，后枝长而近于直，随年龄的增长，角枝次级的分叉更趋复杂。性温驯，以植物为食。主要分布于草原地区，尤其是长江、黄河流域下游的沼泽地区。麋鹿为中国特有珍贵动物，国家一级保护动物，野生种已经绝迹，现存种为人工驯养。随着中国江苏大丰麋鹿保护区的建立，现在麋鹿数量已经增多。

~~~~~~~~~~~~~~~~~~~~~~~~~~~~~~~~~~~~ # 59

国宝大熊猫喜欢待在什么样的环境？

大熊猫是我国特有的珍稀动物，被誉为中国"国宝"，是世界野生动物保护基金会的标志动物，也是世界上最负盛名的濒危动物。早在汉代，大熊猫就已被人们视为珍贵的名兽，生于蜀地的著名文学家司马相如在《上林赋》中列举了上林苑饲养的近 40 种异兽，大熊猫就名列其中。

大熊猫生性孤僻，常分散独栖于茂密的竹丛中，竹子是大熊猫的独特食谱，它们每天需要花费将近一半的时间啃竹子，所以又被称为"竹林隐士"和"动物活化石"。

大熊猫对生存环境要求非常严格，适合其生存的温度在 18—22℃之间，湿度在 30%—50% 之间，温度过高和湿度过低都不适合大熊猫的生存。同时，大熊猫的生存环境要有足够的水资源、丰富的食物、茂盛的森

图 3-6　大熊猫

林、安全的环境,因此大熊猫在我国分布地域十分狭窄,仅见于四川省岷山、邛崃山和大小凉山,以及甘肃省的南缘和陕西省秦岭南麓等海拔 2000—3500 米的崇山峻岭之中。

　　大熊猫毛色黑白相间,圆圆的脸颊,黑黑的眼圈,胖胖的体形,呆萌的表情,完完全全是一个令人心化的"萌物",为全世界所喜爱,并当之无愧地成为四川"名片"。当然,大熊猫之所以珍贵,更重要的是因为它是有着300万年历史的古老物种,对于研究古代哺乳动物具有珍贵的价值。据研究,大熊猫的祖先出现在距今 300 万—200 万年的洪积纪早期,在长期严酷的生存竞争和自然选择中,同期的很多动物相继灭绝,大熊猫却成为"活化石"生存至今。大熊猫的生殖繁育能力非常低,全世界野生大熊猫不足 1600 只,现在是世界濒危动物之一。

　　目前,我国已建立 13 个以保护大熊猫为主的自然保护区,并于 2021 年 9 月在大熊猫栖息地整合设立大熊猫国家公园。

~~~~~~~~~~~~~~~~~~~~~~~~~~~~~~~~~~~~ 60

长江流域有哪些鸟类？主要分布在哪些地方？

　　长江位于候鸟迁徙东线的中途，加之中下游地区湖泊数量众多、湿地面积广大，是我国乃至亚洲最重要的水鸟越冬地。经初步调查，长江流域分布的鸟类共有 762 种，隶属 20 目、66 科、291 属，约占全国鸟类种数的 61.2 %。其中中国特有鸟类有 72 种，国家一级重点保护动物有 26 种，国家二级重点保护动物有 92 种。

　　从分布来看，江源地区含青海、西藏，鸟类主要由高地型成分构成，包括雪鸡、雪鹑、高原山鹑、藏雀、高山地雀、兀鹫等高山型种类，以及西藏毛腿沙鸡、沙百灵、雪雀等高原草原种类；西南横断山区含四川西部、西藏昌都市东部，是世界著名的鸟类多样性中心和特有化中心，是多种珍稀鸡形目鸟类的重要分布区，血雉、虹雉、灰胸薮鹛是该区域鸟类的典型代表，画眉科和雉科鸟类等多种雉类都是中国特有种和一级、二级重点保护的种类；云贵高原冬季气候温和，是黑颈鹤、灰鹤、黄鸭、白琵鹭等候

图 3-7　黑颈鹤（张燕宁 摄）

鸟的越冬栖息之地；长江中下游地区代表种类有红腹锦鸡、灰胸竹鸡、大拟啄木鸟、白冠长尾雉、白颈长尾雉等；长江河口段的滩涂湿地为水禽提供了良好的栖息条件，分布着大量的湿地鸟类，代表种类有雁属、鸭属、麻鸭属、潜鸭属、秋沙鸭属、天鹅属。

曾经有一段时间，由于围垦填湖和修建大坝等人类活动，长江流域河湖湿地锐减，迁徙水鸟数量和多样性都有所下降。因此建设长江国家文化公园必须要注重保护已有湿地、修复退化湿地、重建消失湿地，从而为长江流域夏候鸟、冬候鸟、留鸟和旅鸟提供重要的停歇地和繁殖地。

61

长江流域有哪些矿产资源？分布上有什么特点？

长江流域是我国重要的矿产资源地，黑色金属、有色金属、贵金属、非金属等矿产资源储量极其丰富，部分矿种已达中国乃至世界之最。云南、四川、贵州、湖北、湖南、安徽等均为我国矿产资源大省，其矿产资源及相关产业已成为这些省份的重要支柱产业。品种多、储量大、品位高、多共生、易开采是长江流域矿产资源的突出特点。在已列入全国矿产储量表的 136 种矿产资源中，长江流域就有 109 种，占全国探明矿产种数的80%，尤以有色金属矿藏最负盛名，其中铜、钨、锑、钴占 50% 以上，天然气占 60% 以上，萤石、芒硝、石棉石占 80% 以上，钒钛矿储量占全国的 90% 以上，位居世界前列。

　　长江流域矿产资源从地域分布来看，具有三大明显特点：一是上游地区矿产资源种类多。上游地区能源丰富，天然气、煤、水电资源分别占整个流域的 99.5%、90.7% 和 74.6%，乌江流域的煤资源更是占到长江流域总量一半以上，无烟煤占到 84%，为长江流域最大的煤资源区。上游地区铁矿丰富，铁矿资源保有量达 150 亿吨以上，占流域 61.4%，拥有规模较大钢铁工业企业 87 家，其中四川攀枝花、綦江铁矿最负盛名，是流域内最大的铁矿基地；宁芜玢岩铁矿，储量占全流域的 13%，是马钢、宝钢和南钢的重要原料基地；大冶铁矿埋藏浅，可露天开采，是武钢和鄂钢的重要原料基地。上游地区磷矿丰富，磷矿多集中在金沙江下游地区和乌江流域，金沙江下游磷储量占全国的 32%，是我国目前磷矿产量最多的地区；乌江流域磷储量占长江流域的 21%，是我国最大的磷矿基地。上游地区硫矿丰富，川南地区硫矿资源保有储量占全国的 22%，是全国少有的磷、硫配套地区。

　　二是中游地区矿产资源价值高。有色金属矿是中游地区的优势矿产资源，铜、铝、铅、锌、钨、锡、汞、锑等主要有色金属均居全国前列，钨、锑储量居世界首位。就钨矿而言，赣南—湘南地区是我国钨精矿的主要产地，也是我国钨精矿的出口基地，其储量比国外多出一倍，产量约占世界的一半；江西大余是我国乃至世界最大的黑钨矿产地；湖南瑶岗仙是世界最大的白钨矿产地。就锑矿而言，湖南新化锡矿山是中国最大的产锑基地，储量占全国的 80%。就铜矿而言，武汉—南京沿江地区铜矿资源丰富，从大冶的铜绿山到江西的武当、城门山，顺江而下一直到安徽铜陵，呈带状分布，附近还有全国规模最大的德兴铜矿，其储量占长江流域的 51%，是我国重要的铜生产基地。

　　三是下游地区矿产资源运量大。从长江流域总体来看，下游地区的矿产资源相对贫乏，但资源需求相对较大，矿产资源主要靠外地供给。同时，当地萤石、叶蜡石、凹凸棒石、大理石储量较丰富，特别是膨润土、高岭土的储量约占全流域的一半以上，又多供销全国或出口海外。

~~~~~~~~~~~~~~~~~~~~~~~~~~~~~~~~~~~~~~~ # 62

长江流域的气候有什么特点?

长江流域地处北纬 24°27′—35°54′、东经 90°13′—122°19′
之间,背靠世界上最大的欧亚大陆,面向世界最大的太平洋,这使得长江
流域气候相较于同纬度地带,具有三大明显特点。

一是气候类型复杂多样。长江流域五种基本地形(高原、平原、盆地、
山地、丘陵)齐备,东西气候差异显著,纬度地带性、经度地带性和垂直
地带性的相互交织,构成了长江流域气候类型的复杂性、多样性和特殊性。
江源地区属典型的高山高原高寒气候,寒冷、干燥、压低、日照长、辐射
强和多大风;横断山脉地区,地势高低悬殊,气候垂直地带性分布明显,
具有高山亚寒带、寒温带、温带、暖温带、亚热带等多种气候,往往出现"一
山有四季,十里不同天"的特殊现象;四川盆地因北有秦岭,南有云贵高原,
北风和南风都不易侵入,形成冬无严寒、夏无酷暑、温和湿润的封闭式气候;
长江三峡位于四川盆地向中下游平原的过渡地区,气象要素东西差异很大,
湿而不涝,干而不旱,雨稠风轻,温和湿润;长江流域绝大部分地区属于
四季分明、雨热同期的亚热带湿润气候。总而言之,长江流域特殊的地理
纬度位置、海陆分布状况和地形条件差异,使其气候类型多样、特色鲜明。

二是季风气候特征明显。除上游地区在青藏高寒区外,长江流域多数
地区属于亚热带季风气候,季风区占流域总面积的 80%。冬寒夏热,光
照充足,温暖湿润,雨热同期。冬季盛行偏北风,来自蒙古和西伯利亚的
干冷空气控制全流域,天气寒冷、干燥、少雨,比同纬度地区冷;夏季盛
行偏南风,从海洋上来的暖湿气流使长江流域温高、湿润、多雨,比同纬

度地区热，气温年较差大。每年 4 月至 10 月为雨季，降水空间分布由东南向西北呈递减趋势，东南沿海高达 1200 毫米左右，而川西高原部分地区甚至不到 500 毫米；降水时间分配也表现出年际间变率大的特点，最大变幅达 595 毫米。

三是流域气候东西差异明显。长江流域年降水量的地区分布，从玉树以上的 200 多毫米到平原地区的 1100 多毫米不等，呈东南向西北递减，四川雅安、峨眉山一带，年降水日数达 260 多天，俗称"天漏"；流域内平均气温分布较复杂，自流域南部的 9℃向北逐渐递减至 -5℃，云南省元谋站最高年均气温 21.9℃，元谋、昆明一带及江源地区日照数最高达 2500—2700 小时；流域无霜期一般都在 240—300 天，云贵高原、四川宜宾至重庆忠县区间，湘江及赣江上游，年无霜期可达 350 天左右。

当前，受全球气候变暖影响，极端天气多发频发，人类必须减少煤、石油、天然气的用量，充分利用水能、风能、地热能等清洁能源，从而保护长江流域生态环境，保护中华民族的母亲河。

63

~~~~~~~~~~~~~~~~~~~~~~~~~~~~~~~~~~~~~

长江两岸被称为"火炉"的城市有哪几个？

"火炉"是中国对夏季天气酷热城市的形象称呼。大暑节气，受副热带高压控制和城市热岛效应加剧，长江中下游地区多个城市如同一个个"大火炉"，特别是重庆、武汉、南京和上海，凭借炎热指数、高温日数、持续高温日数、平均最高气温和平均最低气温等多种指标，被评为"四大火炉"。

重庆，堪称四大"火炉"之首。每年七八月间，重庆及长江中下游地区受西太平洋副热带高压的持续控制，气流下沉增温，天空云量稀少，加之重庆地处长江和嘉陵江河谷的平行岭谷区，海拔较低，空气稠密，阻止了地面热量向空中辐射，地面散热困难，从而造成重庆气温高、高温日数多及昼夜温差小。同时，由于重庆紧挨着云贵高原，偏南季风刚翻越云贵高原，便开始下沉增温，必然导致重庆热上加热。再者，重庆四周群山环抱，静风频率大，湿热疏散难，尤其在夜间气温有所下降时，空气相对湿度更大，使人特别闷热难熬。又者，重庆市区人口稠密，高楼围屏，热岛效应凸显。2006年8月15日，重庆出现44.5℃的极端最高气温，创下近50年来的全流域之最，使得"渝炉"堪称"太上老君炼丹"，是全国有名的盛夏高温区。据中央气象台2022年8月18日消息，重庆北碚当日温度达到45℃，打破了北碚站的历史极值，也是当年高温国家观测站出现的最高气温纪录。

武汉，堪称"一代炉魁"。其江河湖泊众多，水汽大量蒸发，闷热气流将整个江城团团罩住，不仅使地面热量向空中散发减慢，而且使人体表面宛如桑拿，汗出如浆，闷热难耐。1934年8月10日，曾出现极端最高气温41.3℃的纪录，使江城夺得"炉魁"之称。

南京，夏季最高温超过40℃可谓"家常便饭"，有时可从夏天一直热到秋天。其主要原因：一是南京处于亚热带，夏季本就高温多雨；二是南京处于长江河谷地段，导致南京比较闷热。

上海，高温区主要集中在沿江的宝山区、浦东新区，高温平均天数呈上升趋势。上海徐家汇气象站自1873年设立至今，每天都有工作人员记录温度，其历史观测记录超过140年。2022年，上海40℃以上极端酷热天数超过了上海自1873年有正式气象记录以来的所有纪录。

~~~~~~~~~~~~~~~~~~~~~~~~~~~~~~~~~~ 64

重庆为什么被称作"山城"？武汉为什么被称作"江城"？

　　重庆，远看是座山，近看是座城，城在山中，山在城中，三面临江，一面靠山，因此被称为"山城"。重庆位于四川盆地东南边缘，最具代表性的地形就是平行岭，重庆境内自西向东有英山、巴岳山、黄瓜山、箕山、云雾山、缙云山、中梁山、龙王洞山、铜锣山、明月山、桃子荡山、东温泉山、黄草山、精华山、铁峰山、方斗山等一条条近似平行的山脉，重庆主城区也主要位于缙云山、中梁山、铜锣山、明月山四山地带。重庆的渝中半岛其实是一个突起的山脊，朝天门海拔 168 米，解放碑平均海拔 249 米，枇杷山海拔 340 米，鹅岭海拔 400 米，而这些落差都集中在 9 平方千米的渝中半岛上。其房屋依山而建，在层层叠叠的山崖上筑起了城，在山的缝隙中弯弯曲曲地修起了路，在"凌空飞绝壁"的悬崖上建起了房，这就是山城的建筑特色。当夜色降临，万家灯火错落有致，远近互衬，如梦如幻，如诗如歌，可谓"灯火万家城四畔，星河一道水中央"。

　　武汉地处中国中部，是长江中游特大城市、湖北省的省会，中国重要的工业、科教基地和综合交通枢纽。武汉之所以被称为"江城"，主要有两个原因。一是地理位置特殊。长江武汉江段江面宽阔、江河纵横、湖港交织，水域面积占全市总面积 1/4。中国第一大河长江及其最大支流汉江在武汉城中交汇，将武汉一分为三，形成武昌、汉口、汉阳三镇跨江鼎立的格局，这是武汉被称为"江城"的重要原因。二是文化积淀深厚。唐代诗人李白与史郎中在黄鹤楼上诗兴大发，题下"黄鹤楼中吹玉笛，江城五月落梅花"的著名诗句，从此，"江城"便成了武汉的代名词之一。南宋诗人袁说友的《游武昌东湖》，也有"如何不作钱塘景，要与江城作画图"的佳句。因此沿江九大城市中，唯独武汉享有"江城"的雅名。

65

长江流域有哪些清洁能源？分布上有什么规律？

长江流域有着丰富的水能、风能、地热、太阳能、天然气等清洁能源，并大体呈现出"西高东低，西多东少"的分布规律。

从水能分布来看，长江上游水能蕴藏量占全水系的 81.5%，中游占 18%，下游不足 0.5%。从源头到宜宾以陡壁深谷为主，地势起伏大、河流落差大、河流流量大，被称为"水能宝库"，特别是金沙江段水能蕴藏量达 1 亿千瓦，其规划、在建及建成的水电站已达 25 座，是我国最大的水电基地。

从风能分布来看，长江河源区风能资源丰富，西藏高原中北部有效风功率密度在 150—200 瓦／平方米，风速大于或等于 3 米／秒，风力全年累积可达 6500 小时，属于风能资源较丰富区。

从太阳能分布来看，青海东部、西藏东南部属于太阳能分布一类地区，全年辐射量在 6700—8370 兆焦／平方米；江苏中北部、安徽北部属于太阳能分布二类地区，全年辐射量在 5400—6700 兆焦／平方米；长江中下游、福建、浙江等一部分地区属于太阳能分布三类地区，全年辐射量在 4200—5400 兆焦／平方米。

从地热资源分布来看，青藏高原位于亚欧板块与印度洋板块的交界处，地质构造活跃，地下火山和熔岩活动频繁，滇藏地热带发电潜力达到 5817.6 兆瓦，其中西藏占 52%，属于我国地热资源最丰富的地区。此外江西东部、湖南南部、福建等位于太平洋板块和欧亚板块的交界地带，属于我国中低温地热资源分布区。

从气源分布来看，长江流域天然气储量比较丰富，其中四川的储量和产量连续多年位居全国第一，随着普光气田的发现和"川气东输"工程建成投产，川气已源源不断地输入江浙、上海等长三角经济发达地区。

~~~~~~ # 66

长江流域有哪些重要的湖泊和渠堰？

长江流域湖泊众多，数以千计，其中最主要的是洞庭湖、鄱阳湖、太湖、巢湖、洪泽湖等，它们有效地调节了长江中下游水位。

洞庭湖，因湖中洞庭山（即今君山）而得名，古称"云梦""九江"和"重湖"，处于长江中游荆江南岸，面积 2740 平方千米，是我国第二大淡水湖。洞庭湖河网密布，湘、资、沅、澧四水汇入，是长江主要的调蓄湖泊，具备强大的蓄洪能力。目前由于洞庭湖泥沙淤积，已解体为东洞庭湖、南洞庭湖和西洞庭湖三部分。其鱼类资源丰富，主要经济鱼类有鲤、草、鲫、鲢、青鱼等，最著名的当属银鱼，贝类资源有 40 余种。

鄱阳湖，古称"彭蠡""彭蠡泽""彭泽"，位于江西省北部，地处九江、南昌、上饶三市，接纳赣、抚、信、饶、修五大河流，集水面积达

16.1 万平方千米，是我国第一大淡水湖，对于调节长江水位、涵养水源、改善当地气候和维护周围地区生态平衡等方面均有巨大作用。鄱阳湖水产资源丰富，素被誉为"天然鱼库"，其中经济价值较高的有鲤、鳙、鲢、鲫、鲶及银鱼等 20 多种，尤以银鱼和鲥鱼最为出名。

太湖，古称"震泽""具区"，又名"五湖""笠泽"，位于长江三角洲的南缘，湖面跨苏、浙两省，面积 2427.8 平方千米，是我国第三大淡水湖。太湖渔业资源丰富，出产各种鱼类 100 余种。银鱼、梅鲚、白虾，被称为"太湖三宝"。

巢湖，亦称"焦湖"。湖呈鸟巢状，又因其春秋战国时属楚境巢国，故名"巢湖"。巢湖位于安徽省中部，是安徽主要的水源地，也是重要的水上运输枢纽。有杭埠河、丰乐河、南淝河、石山河、谷盛河、盛家河、槐林河、兆河多条河流汇入，形成湖面面积 820 平方千米，是长江中下游五大淡水湖之一。巢湖有着优质的鱼类资源，常年栖息的鱼类有 90 余种，其中最著名的是银鱼、秀丽白虾、湖蟹，被誉为"巢湖三鲜"。

洪泽湖，古称"富陵湖"，两汉以后称"破釜塘"，隋称"洪泽浦"，唐代始名"洪泽湖"。洪泽湖位于江苏省西部淮河下游，苏北平原中部西侧，淮安、宿迁两市境内，面积 2069 平方千米，是我国第四大淡水湖。洪泽湖渔业资源丰富，素有"日出斗金"的美誉。

此外，长江流域还有著名的"七堤六堰""三城两渠"。所谓"七堤"，主要包括汉江大堤、荆江大堤、无为大堤、同马大堤，以及西湖白堤、苏堤和杨堤。其中荆江大堤最为重要，有"水上长城"之称。所谓"六堰"，主要包括都江堰、它山堰、五门堰、东风堰、通济堰及山河堰。其中都江堰是全世界迄今为止年代最久、唯一留存、仍在使用、以无坝引水为特征的宏大水利工程，凝聚着中国古代劳动人民勤劳、勇敢、智慧的结晶。所谓"三城两渠"，主要是指体现古人因地制宜、因势利导思想的城市村落及水渠，"三城"分别是丽江古城水系、良渚古城水系和安徽宏村水系，"两渠"分别是武镇百里长渠与世界古代水利建筑明珠——灵渠。

长江流域这些天然的湖泊和重要的渠堰，必将成为长江国家文化公园建设的宝贵资源和重要支撑。我们必须采取有效措施，加强对这些湖泊和重要渠堰的保护、开发和利用。

～～～～～～～～～～～～～～～～～～～～～～～～～～～～～～～ **67**

为什么说长江"病了"？该如何治理？

中央领导多次说："长江病了，而且病得还不轻。"城镇生活污水垃圾、农业面源污染、化工污染、船舶污染、尾矿库污染……随着经济社会的发展，复杂的污染源正使得长江水质逐渐变差、生态环境逐步恶化。因此，政府把修复长江生态环境摆在压倒性位置，"共抓大保护，不搞大开发"，成了当前和今后一个时期的重要任务。

运用中医整体观，追根溯源、诊断病因、找准病根、分类施策、系统治疗，以实现"治未病"，让母亲河永葆生机活力。这一论断，为长江的治理提供了重要方法。所谓"中医整体观"，主要强调"天人合一"，也就是人与自然的和谐共处。将长江流域当成一个生命共同体，运用中医理论治理长江，强化统筹安排，形成协同效应。所谓"治未病"，就要走出先污染后治理、先破坏后修复的怪圈。对长江流域潜在的环境问题与风险早预测、早预警、早干预，积极主动应对。对水土流失、洪涝灾害、水体富营养化、土质盐渍化、生物多样性破坏等问题进行风险标识，形成中长期治理方案，以运筹帷幄，分类施策，药到病除。

从资源目标上看，治理长江有利于沿江水质的改善。采取"河长制""湖长制""三水共治"等措施，开展定期联席会议、区域联动执法、专项联合检查等行动，确立长江水资源利用"上线"，划定长江水生态保护"红线"，坚守长江水环境质量"底线"，统筹推进全流域水污染统防统治，集中解决影响长江水质的棘手难题，有效改变长江水污染现状，持续改善长江水生态环境，确保一江清水绵延后世、惠泽人民。

从环境目标上看，治理长江有利于流域生态的恢复。近年来，长江流域污染物排放量大，沿江城镇的开发严重挤占了江河湖库生态空间，沿江化工行业环境风险隐患突出，致使流域系统性保护不足、生态功能退化严重、环境安全压力大增。统筹推进长江生态治理，是推动长江生态环境质量根本好转、建设美丽长江的必然选择。联动开展各类水生态保护行动，强化长江珍稀濒危物种保护措施，在水生生物保护区建立健全禁渔长效机制；统筹联合调度水资源，充分保障长江中下游生态用水；持续开展非法采砂、捕捞等专项治理行动，对重点企业实现全时监控，对偷排污染企业提高打击力度，增加违法成本，将有利于长江生态环境修复。

从发展目标上看，治理长江有助于沿线经济的腾飞。推动长江经济带发展是党中央做出的重大决策，是关系国家发展全局的重大战略。统筹推进长江生态治理，建设长江国家文化公园，是推动长江经济带发展的重要举措。协同推进长江上中下游、江河湖库、左右岸、干支流生态治理，积极将沿线化工企业外迁，有序调整产业结构，持续推动产业升级，大力发展绿色经济、环保经济和外向型经济，不断拓展二、三产业，使旅游、观光等绿色产业成为长江经济带破解经济发展瓶颈的一把"金钥匙"，从而使长江经济带真正成为新时代中国经济的重要引擎，真正发挥出战略支撑和示范引领作用。

◎ 延伸阅读

《中华人民共和国长江保护法》正式实施

《中华人民共和国长江保护法》于 2020 年 12 月 26 日第十三届全国人民代表大会常务委员会第二十四次会议通过,自 2021 年 3 月 1 日起正式实施。内容包含总则、规划与管控、资源保护、水污染防治、生态环境修复、绿色发展、保障与监督、法律责任等九章,共 96 条。该法明确指出,长江流域经济社会发展,应当坚持生态优先、绿色发展,共抓大保护、不搞大开发;长江保护应当坚持统筹协调、科学规划、创新驱动、系统治理。该法是我国首部有关流域保护的专门法律。

~~~~~~~~~~~~~~~~~~~~~~~~~~~~~~~~~~~ # 68

长江流域为什么要实行"十年禁渔"?

从 2021 年 1 月 1 日零时起,长江流域重点水域十年禁渔行动全面启动。

近年来,由于工业排污、拦河筑坝、航道整治、岸坡硬化、挖沙采石等人类活动的负面影响,长江流域生态系统严重退化,水生物种栖息繁殖地遭到人为破坏,水生生物多样性指数持续下降,珍稀特有物种资源迅速衰退,中华鲟、长江鲟和长江江豚等 92 种濒危鱼类被列入《中国濒危

动物红皮书》，青鱼、草鱼、鲢鱼、鳙鱼"四大家鱼"的野生资源量比
1980 年减少了 90% 以上。加之长期以来的酷捕滥捞，不仅削减了渔业资
源的"存量"，还严重破坏了长江渔业的"增量"，极端的电鱼、炸鱼、
毒鱼等行为，更是竭泽而渔、杀鸡取卵，使得长江天然物种资源遭受毁灭
性的破坏，长江流域不少特有鱼种濒临灭绝。如何避免长江生态环境的碎
片化和有害化，保持长江生态系统的原真性和整体性，保护长江生物物种
的多样性和完整性，协调长江流域社会、经济和自然之间的和谐关系，早
已成为每年两会的重要议题；如何遏制长江渔业资源的急剧衰退，保持长
江渔业资源的休养生息和恢复增长，保护长江鱼类的正常产卵和正常生长，
早已成为各级政府的重要责任。

所谓"十年禁渔"，主要是指在重点水域内，对鱼类、甲壳类、贝类、
藻类等天然水生经济动植物，实行暂定十年的禁止生产性捕捞。这是农业
部根据《渔业法》有关规定和新时期渔业经济形势发展要求，借鉴沿江有
关省（市）以往春禁、冬禁管理和海洋伏季休渔的成功经验，反复征求沿
江 10 省（市）政府及渔业主管部门意见，经国务院同意，从 2003 年起
全面实行的一项渔业保护制度。具体从 2003 年 4 月起，长江流域开始实
行每年 3 个月禁渔的制度；2015 年 12 月，开始调整为每年 4 个月禁渔的
制度；2017 年 1 月，开始对流经云南、贵州、四川三省的长江一级支流赤
水河率先实施"十年禁渔"试点；2020 年 1 月，开始对长江流域的 332 个
自然保护区和水产种质资源保护区全面实行禁止生产性捕捞；2021 年 1 月，
开始对长江干流及岷江、沱江、赤水河、嘉陵江、乌江、汉江和大渡河等
重要支流，以及鄱阳湖和洞庭湖等通江湖泊（即"一江两湖七河"）全面
实行"十年禁渔"制度。同时，国家设立了长江口禁捕管理区，将十年禁
渔的范围拓展到长江口，合称"一江一口两湖七河"。

"十年禁渔"制度的设计，其实是基于从 2003 年开始的禁渔措施，

以及各种保护长江水生生物多样性和生态系统完整性认识的科学总结。禁渔时长之所以暂定为十年，主要是因为长江捕捞的主要鱼类完成生活史通常需要四年，禁渔十年便可让这些鱼类繁衍二至三个世代，野生鱼类种群和其他水生经济动植物有望得到恢复。禁止捕捞范围之所以涵盖长江流域332 个水生生物保护区、水产种质资源保护区，以及"一江一口两湖七河"等重点水域，主要考虑到珍稀濒危和特有鱼类在长江流域的空间分布，以及洄游鱼类生活史不同阶段对栖息地的需求。禁渔保护的对象之所以不仅限于鱼类，而是包括整个长江水生生态系统，主要从生态学维度预测，十年禁渔有助于以鱼类为代表的长江水生生物的繁衍生息，最终恢复长江流域的大部分水生生物，以维护流域生态系统完整性，提升长江生命力。从自然资源经济学维度预测，十年禁渔可提升流域生态系统服务功能，促进自然资源可持续利用，为长江经济带高质量发展提供支撑。

69

长江流域的保护、治理和疏浚工程有哪些？

一是水资源保护及污染治理工程。2022 年 9 月 19 日，《深入打好长江保护修复攻坚战行动方案》（下文简称《方案》）发布，《方案》由生态环境部、发展改革委、最高人民法院、最高人民检察院等 17 家单位联合印发。涉及的区域包括长江经济带 11 省（市），以及长江干流、支流和湖泊所涉及的青海省、西藏自治区、甘肃省、陕西省、河南省、广西壮族自治区等省（区）的相关县级行政区域。《方案》坚持生态优先、统筹兼顾的原则，强调综合治理、系统治理、源头治理，尤其突出了精准、科学、依法治污。在水质方面，《方案》明确到 2025 年底，长江流域总体水质保持优良，干流水质保持在 Ⅱ 类，饮用水安全保障水平要持续提升，重要河湖生态用水得到有效保障，水生态质量明显提升。水质要变好，岸上的治理也同样重要。到 2025 年底，长江经济带县城生活垃圾无害化处理率要达到 97%以上，县级城市建成区黑臭水体基本消除，化肥农药利用率提高到 43%以上，畜禽粪污综合利用率提高到 80%以上，农膜① 回收率达到 85%以上，尾矿库② 环境风险隐患基本可控。此外，到 2025 年底，长江干流及主要支流水生生物的完整性指数要持续提升。推进水生生物多样性恢复是长江水生态系统修复的重头戏。有关部门将实施长江生物多样性保护实施方案和中华鲟等珍稀水生生物拯救行动计划，建立健全长江流域水生生物监测体系，尤其是推动国家重要江河湖库水生生物洄游通道的恢复，增强河流的连通性。预计到 2025 年底，长江水生生物资源监测网络体系将较为健全，中华鲟、长江鲟和长江江豚等珍稀濒危物种保护项目顺利实施，长江生物完整性将持续提升。长江沿线林地、草地和岸线的修复也将加速。将开展上游高原湿地、中游低山丘陵湿地、下游冲积平原湿地的保护修复。推行草原禁牧和草畜平衡制度。在岸线整治修复方面，《方案》提出提高岸线利用效率，保护自然岸线，结合河道整治等工程推进实施河湖岸线修复，恢复河湖岸线生态功能。此外，有关部门还将推进横断山区、长江上中游岩溶地区、大巴山、武陵山区、三峡库区、鄱阳湖洞庭湖等河湖湿地、大别山－黄山、长江三角洲等重点区域生态保护和修复重

---

① 又称薄膜塑料，包括地膜（也叫农用地膜），主要成分是聚乙烯。主要用于覆盖农田，起到提高地温、保持土壤湿度、促进种子发芽和幼苗快速生长、抑制杂草的作用。

② 是指筑坝拦截谷口或围地构成的，用以堆存金属或非金属矿山进行矿石选别后排出尾矿或其他工业废渣的场所。

大工程建设。实施贵州武陵山区、安徽巢湖流域等山水林田湖草沙一体化
保护和修复工程，持续提升长江流域生态系统质量和稳定性。

　　二是治沙治荒漠工程。"十三五"期间，我国坚持科学防治、综合防治、
依法防治，累计完成防沙治沙任务 1000 多万公顷，完成石漠化治理面积
130 万公顷，四大沙地生态整体改善，石漠化程度持续减轻。目前我国石
漠化土地面积 1007 万公顷，与 2011 年相比，石漠化土地面积减少 193.2
万公顷，其中极重度石漠化减少 15.1 万公顷，减少 47.1%；长江流域泥
沙量减少 40% 以上；石漠化地区植被综合盖度达到 61.4%。到 2025 年底，
长江流域将完成沙化土地治理面积 7.5 万公顷，完成石漠化土地治理面积
100 万公顷。

　　三是长江疏浚工程。为了发挥长江的作用，防止水患的发生，我国历
朝历代政府都曾对长江进行疏浚，特别是新中国成立以后，进行过数不胜
数的长江大型疏浚工程，极大地减少了长江水患的发生，保障了两岸人民
群众的生命和财产安全，也更大地发挥了长江灌溉和运输的作用。以荆州
市长江疏浚工程为例，荆州市太平口水道是长江荆江段的沙质浅滩河段，
是长江中游重点浅水道之一，年疏浚量大致在 600 万立方米左右。为推
进长江航道疏浚砂综合利用，长江水利委员会在充分调研论证的基础上，
联合长江航务管理局和湖北省水利厅，共同推进长江太平口航道疏浚砂综
合利用试点工作。自 2018 年 10 月 7 日正式实施以来，累计接驳上岸疏
浚砂约 60 万吨，既适度缓解了基础设施建设的需求，又保护了水生态环境，
同时对维护良好的长江河道采砂管理秩序、保障长江黄金水道建设、促进
地方经济发展等方面起到了积极作用。

第四篇

科学技术

70

长江流域历史上有哪些重要科技发明？

长江流域作为中华民族的繁衍栖息地，自古以来诞生了很多重要的科技发明，像水稻栽培技术——长江是世界栽培水稻的起源地，还有制陶技术——中国乃至世界最早的陶器诞生地就在长江，当然其他技术也是数不胜数，比如木船制造、漆器制作等，同样在中国科技史上留下了浓墨重彩的一笔。具体来说，长江流域不同历史阶段的重要科技发明如下：

从云南元谋出土的打制石器、四川稻城出土的石斧，到湖南道县、江西万年县出土的栽培稻遗物；从浙江余姚发现的干栏式木构建筑遗迹、浙江吴兴出土的苎麻与蚕丝织品遗物，到浙江余姚、浙江余杭、江苏常州发现的漆器，无一不显示了距今4000年以前长江流域的科学技术遗存。殷商、西周时期，长江流域的科技文化已处于较高水平，四川广汉三星堆出土的青铜器、玉石器及金器，湖北随州的青铜器群、大冶的古铜矿遗址，四川成都都江堰水利工程，以及楚国的漆器、丝织品、青铜器，越国的越王剑等，代表了这一时期长江流域科学技术水平的位阶。

两汉时期，长江流域科学技术出现了许多代表性成果。农业方面以长江下游"火耕水耨"的水稻种植技术为代表；冶炼方面以汉水上游"热鼓风""水排鼓铸""炒钢"的冶铁炼钢技术为代表；天文学方面以西汉巴郡天文学家落下闳创立的"浑天说"宇宙理论及湖南长沙出土的彗星图集为代表；医学方面以湖南长沙出土的帛书《足臂十一脉灸经》《阴阳十一脉灸经》《五十二病方》《导引图》、湖北江凌出土的竹简《脉书》《引书》等医学与健身学专著，以及东汉南阳医学家张仲景的伤寒论学说为代表；测量器具方面以东汉南阳张衡发明的第一台地震方位测量仪为代表；造纸技术方面以湖南郴州蔡伦发明的"蔡侯纸"为代表。

魏晋南北朝时期，长江流域科学技术进一步发展，典型代表有浙江余姚籍天文学家虞喜最早发现了岁差现象；江苏南京籍数学家、天文学家祖冲之将岁差用于制历以提高历法精度，并最早将圆周率计算到小数点后七位，其子最早解决了球体积的计算问题；江苏南京籍医药学家陶弘景的《本草集注》作为古代医学名著，首创以治疗性能对药物进行分类的方法，对医药的发展起到了促进作用，是医学科技发展的典型代表。

隋唐时期，长江流域科学技术有一些突出成就，典型代表包括浙江地区越窑生产的以"秘色瓷"著称的青瓷、安徽宣州创制的宣纸、湖北天门籍"茶神"陆羽所著《茶经》等。

　　宋元时期，长江流域科学技术再度兴旺发展。北宋时期，湖北英山籍工匠毕昇发明活字印刷术，任职江浙地区的科学家苏颂研制了第一台水运仪象台，浙江杭州籍科学家沈括发现磁偏角现象、提出"隙积术"，江西饶州籍工匠张潜总结并改进水法炼钢技术，四川地区发明开采井盐的"卓筒井"。南宋时，四川安岳出生的数学家秦九韶提出解高次方程的"正负开方术"，福建南平籍医学家宋慈、江西临川籍医学家陈自明分别就古代法医学、妇科学进行了总结提高。元代时期，浙江金华籍医学家朱震亨创立了"滋阴学"，任职于安徽、江西地区的农学家王祯编著农学专著《王祯农书》并改进了活字印刷术。宋元时期，长江中下游地区将火药广泛用于军事实战，产生了最早的管式火器。

　　明清时期，长江流域科学技术的发展呈现出一些新的特点，如湖北蕲州籍医药学家李时珍完成《本草纲目》；江苏江阴籍地理学家徐霞客撰写了《徐霞客游记》；云南昆阳籍航海家郑和率领船队七下西洋，带动了造船、航海及天文导航技术的发展；江西奉新籍科学家宋应星编著《天工开物》；上海籍科学家徐光启撰写《农政全书》等。

　　新中国成立以来，长江流域科学技术呈现蓬勃发展的态势。上海江南造船厂造出了新中国第一台万吨水压机及首艘自行设计的万吨级远洋船"东风"号。南京长江大桥是长江上第一座由中国人自行设计和建造的双层式铁路、公路两用桥梁，在中国桥梁史上具有重要意义。湖南杂交水稻研究所袁隆平培育出了"东方魔稻"——第一代籼型杂交水稻，出生于上海的赵梓森院士在武汉拉出了中国第一根石英光纤，以中国科学院上海相关研究所牵头的团队首次人工合成了完整的酵母丙氨酸转移核糖核酸，我国第一台每秒钟运算1亿次以上的"银河"巨型机由国防科技大学计算机研究所研制成功。

图 4-1　南京长江大桥（张善博 摄）

~~~~~~~~~~~~~~~~~~~~~~~~~~~~~~~~~~ **71**

长江流域有哪些特有的交通工具？

　　过江溜索是原来西南横断山区人们过江的主要方式，不但人可以过，连牛羊、马匹也可以用这种方法过江，许多生产生活物资通过溜索运送，甚至包括手扶拖拉机这样的农用机械。溜索架设于山涧激流上，用藤篾、竹篾或钢索制成，人们用一根环形绳索套住自己臀部和腰部，在绳索上绑一个滑轮，把滑轮挂在拇指粗的钢索上，吊滑过江。溜索曾是沿江藏族、彝族、傈僳族群众长期使用的交通工具，现在主要用于旅游观光体验。

　　长江索道是连接沿江两岸的重要交通工具，由于长江天堑阻隔，未修长江大桥的地区居民过江都得靠它，是不可或缺的出行方式，它有着"空中走廊""空中汽车"的美誉。目前长江上唯一尚在运营的索道位于重庆市区，它是我国第一条自行设计、自行制造、自行安装、自行调试的双承载、双牵引索道，即一个车厢上有两根承载索和两根牵引索，这样就解决了单根牵引索负载后离江面太近影响通航的问题。该长江索道于 1987 年 10 月 24 日作为城市公交设施正式投入运营，以缓解市民出行难的问题，是山城独有的城市交通，现已安全运行 36 年。

过江轮渡，这种交通工具为跨越长江而生，采用专用轮船运输，每天都有人量长江两岸居民为跨江出行而乘坐，成为流域内最主要的交通工具之一。不过，因沿江各长江大桥的修筑，过江轮渡需求规模逐渐缩减，而且随着科技的进步，城市交通方式愈发多样化，过江轮渡逐渐被忽略。在社会经济高度发展的今天，过江轮渡成为一种颇具特色的交通形式被赋予了新的内涵，最显著的用途便是上下班通勤和旅游观光，这两种新属性也让过江轮渡的运营发生微调，比如缩减渡口数量、热门区点对点接驳、实

图 4-2 重庆市区的长江索道

行分时段公交化运营等。

　　火车轮渡是将整列火车车厢运过江河湖海的巨型渡轮，火车轮渡搭载火车头与火车车厢开到对岸后，火车头牵引车厢驶上岸边的铁路线，重新组合成一列完整的列车，开始下一段行程。1933 年 10 月 22 日，南京下关至浦口开通了中国首个铁路轮渡，京沪铁路在浦口实现了对长江天堑的跨越。随着 1968 年南京长江大桥的建成，火车可以直接通过大桥渡江，火车轮渡的重要性随之下降。一直到 1973 年，南京轮渡封闭停航，彻底告别了历史舞台。江阴铁路轮渡位于江苏省江阴市，全长 6 千米，于 2002 年通过国家验收，从北岸的靖江跨越长江至南岸的江阴，为新长铁路的一个重要组成部分。自 2019 年 12 月 30 日零时起，全国铁路调整列车运行图，新长线江阴—靖江火车轮渡正式停止渡运业务，"北京"号、"芜湖"号、"新长"号 3 艘渡轮全部被封存。至此，我国最后一条内河火车轮渡完成了历史使命。

~~~~~~~~~~~~~~~~~~~~~~~~~~~~~~~~~~~ # 72

长江上一共有多少座跨江大桥？最早的跨江大桥是哪几座？

　　由表 4-1 统计可见，截至 2022 年 12 月底，横跨长江的大桥（含在建）共有 128 座。其中，横跨长江上游的大桥有 67 座，横跨长江中游的大桥有 35 座，横跨长江下游的大桥有 26 座。表中仅汇集长江干流上的大桥，对各支流的大桥未予统计汇总，详见下表。

表 4-1 长江上中下游跨江大桥一览表

位置	跨江大桥	数量
长江上游	宜宾长江大桥、盐坪坝长江大桥、临港长江大桥、南溪长江大桥、南溪仙源长江大桥、江安大桥、江安长江二桥（在建）、泸州长江二桥、泸州长江六桥、泸州长江大桥、泸州国窖大桥、泸州1573长江大桥、黄舣长江大桥、合江长江二桥、合江长江公路大桥、泸州榕山长江大桥（在建）、合江长江一桥、永川长江大桥、江津白沙长江大桥、油溪长江大桥、江津长江公路大桥、几江长江大桥、鼎山长江大桥、外环江津长江大桥、白沙沱长江铁路大桥、兴珞线长江铁路大桥、渝贵长江铁路大桥、鱼洞长江大桥、白居寺长江大桥、重庆马桑溪长江大桥、李家沱大桥、鹅公岩大桥、菜园坝长江大桥、重庆长江大桥、东水门长江大桥、朝天门长江大桥、大佛寺长江大桥、寸滩长江大桥、郭家沱长江大桥、鱼嘴大桥、重庆铁路东环线大桥（在建）、太洪长江大桥、渝怀铁路大桥、长寿经开区大桥、长寿长江大桥、青草背长江大桥、李渡长江大桥、涪陵长江大桥、石板沟长江大桥、涪陵宁蓉铁路大桥、丰都长江大桥、丰都长江二桥、忠州长江大桥、忠县长江大桥、新田长江大桥、万县长江大桥、万凉铁路大桥、牌楼长江大桥、万州长江二桥、驸马长江大桥、云阳长江大桥、复兴长江大桥（在建）、夔门大桥、安来高速大桥（在建）、巫山长江大桥、巴东长江大桥、秭归长江大桥	67座
长江中游	至喜长江大桥、夷陵长江大桥、宜昌宁蓉铁路大桥、伍家岗长江大桥、宜昌长江公路大桥、宜都长江大桥、枝城长江大桥、当枝松高速大桥（在建）、荆州长江大桥、武松高速长江大桥（在建）、荆州长江公路大桥、石首长江大桥、荆岳大桥、赤壁长江大桥、嘉鱼大桥、军山长江大桥、沌口长江大桥、白沙洲大桥、杨泗港大桥、鹦鹉洲大江大桥、武汉长江大桥、武汉长江二桥、二七长江大桥、天兴洲大桥、青山长江大桥、阳逻大桥、黄冈长江大桥、鄂黄长江大桥、鄂东长江大桥、黄石长江公路大桥、棋盘洲长江大桥、武穴长江公路大桥、京港高铁大桥、九江长江二桥、九江长江大桥	35座

（续表）

位置	跨江大桥	数量
长江下游	望东长江大桥、安庆长江大桥、宁安高铁大桥、池州长江大桥、京台高速大桥（在建）、铜陵长江大桥、铜陵长江公铁大桥、芜湖长江二桥、芜湖长江大桥、马鞍山长江大桥、京沪高铁大桥、南京大胜关长江大桥、南京江心洲长江大桥、南京长江大桥、南京八卦洲长江大桥、南京栖霞山长江大桥、润扬大桥、五峰山长江大桥、泰州大桥、扬中长江二桥、常州录安洲夹江管线桥、常泰高速大桥（在建）、江阴大桥、沪苏通长江公铁大桥、苏通长江公路大桥、上海长江大桥	26座

上表按长江上、中、下游分别列示了目前横跨长江干流的所有大桥，在此还需回顾一下最早开建的十座跨江大桥，如表 4-2 所示。

表 4-2 最早开建的十座跨江大桥

序号	大桥名称	开工时间	建成时间	结构用途	桥梁长度（千米）
1	武汉长江大桥	1955 年 9 月	1957 年 10 月	公铁两用	1.67
2	重庆白沙沱长江大桥	1958 年 6 月	1960 年 12 月	铁路桥梁	0.82
3	南京长江大桥	1960 年 1 月	1968 年 12 月	公铁两用	4.5
4	九江长江大桥	1973 年 12 月	1993 年 1 月	公铁两用	7.675
5	重庆长江大桥	1977 年 11 月	1981 年 7 月	公路大桥	1.12
6	上海长江大桥	1993 年 10 月	2000 年 10 月	公路大桥	9.97
7	万州长江大桥	1994 年 5 月	1997 年 5 月	公路大桥	0.814
8	江阴长江大桥	1994 年 11 月	1999 年 9 月	公路大桥	3.071
9	芜湖长江大桥	1997 年 3 月	2000 年 9 月	公铁两用	2.193
10	宜昌长江大桥	1998 年 2 月	2001 年 9 月	公路大桥	6.075

图 4-3　武汉长江大桥

73

川藏铁路为什么被称为"史上最难修建的铁路"？

　　川藏铁路是中国境内一条连接四川省与西藏自治区的快速铁路，呈东西走向，东起四川省成都市，西至西藏自治区拉萨市，是中国国内第二条进藏铁路，也是中国西南地区的干线铁路之一。线路全长约 1550 千米，其中，雅林段新建正线长度 1011 千米，拉林段新建线路长度 403.14 千米，成雅段全长 140 千米，设计速度 120—200 千米 / 小时。川藏铁路自东向西依次经过的大江有岷江、大渡河、雅砻江、金沙江、澜沧江、怒江、雅鲁藏布江，前四条都属于长江上游的主要支流。

　　川藏铁路建设工程需要面对崇山峻岭、地形高差、地震频发、复杂地质、季节冻土、山地灾害、高原缺氧以及生态环保等众多建设施工难题。川藏铁路所经线路集合了山岭重丘、高原高寒、风沙荒漠、雷雨雪霜等多种极端地理环境和气候特征，跨越包括长江上游相关支流在内的 14 条大江大河、21 座 4000 米以上的雪山，被称为"史上最难建的铁路"。中国铁路建设者们通过运用包括高原铁路技术、隧道掘进技术、艰险山区航空电磁勘察关键技术等在内的众多创新技术，正在让这条铁路线由设想变成现实。

川藏铁路的修建史是一段中华民族独立自强的奋斗史。自 1876 年英国借助《烟台条约》相关条款取得由川入藏的探路权开始，英国、俄国及孙中山先生都提出过修筑川藏铁路的想法，但因政局、财力、技术限制未有实质性进展。新中国成立初期，中国政府开始组织勘察、选线工作，直到 2006 年，因青藏铁路相对于川藏铁路技术难度更低，成为进藏铁路的首选，川藏铁路项目因此暂缓推进。2008 年、2009 年，建设川藏铁路的建议及环境影响报告书相继面世；2011 年，国家"十二五"规划提出研究建设川藏铁路；2013 年 8 月，川藏铁路成蒲线开工建设；2014 年 12 月，川藏铁路成雅段、拉林段相继开工建设；2018 年 12 月，川藏铁路成雅段建成通车；2020 年 11 月，川藏铁路雅林段开工建设；2021 年 6 月，川藏铁路拉林段建成通车；预计 2025 年，川藏铁路全线建成通车。

川藏铁路的建成通车将促进长江全流域与青藏高原经济区人员、物资的快速往来，对提升中国西部地区特别是进藏通道的交通能力，助力川西地区交通基础设施的完善，促进四川西部、青藏高原东部地区交通不便的城镇及四川省内甘孜、阿坝等少数民族自治州经济社会发展具有十分重要的意义。这一工程的建设，是促进民族团结、维护国家统一、巩固边疆稳定的需要，是促进西藏经济社会发展的需要，是贯彻落实党中央治藏方略的重大举措。

74

都江堰为什么被称为"活的水利博物馆"？

我国古代的工程建设已经懂得并成功实践了系统思想。在公元前 3 世纪的战国时代，蜀郡守李冰父子主持设计修建的都江堰水利工程就是一个突出的范例。

都江堰水利枢纽工程由分水导流工程、溢流排沙工程和引水口工程组成。分水导流工程为利用江心洲建成的分水鱼嘴、百丈堤和金刚堤，它们把岷江分为内外两江。内江一侧建有由平水槽、飞沙堰，以及具有护岸溢流功能的人字堤等组成的溢流排沙工程。内江水流由上述导流和溢洪排沙工程控制，并经宝瓶口流向川西平原，汛期内江水挟沙从飞沙堰顶溢入外江，保证灌区不成灾。宝瓶口是控制内江流量的引水通道，由飞沙堰作为内江分洪减沙入外江的设施，外江又设有江安堰、石牛堰和黑石堰三大引水口。整个工程的规划、设计和施工都十分合理，通过鱼嘴分水、宝瓶口引水、飞沙堰溢洪，形成一个完整的功效宏大的"引水以灌田，分洪以减灾"的分洪灌溉系统。为了长久地发挥都江堰的作用，古人又创立了科学简便的岁修方法，两千多年来持续不断。

都江堰工程生动地体现了严谨的整体观念和开放、发展的系统思路，即使用现在的观点看，仍不愧为世界上一项杰出的系统工程建设。都江堰工程传承为苍生谋福的民族精神，中华民族在兴水利、除水害的漫长历史进程中，取得了辉煌灿烂的成绩。都江堰水利工程不仅是蜀地水文化的结晶，也是中国古代人民智慧的结晶，还是中国传统治水文化与水利科技相结合的一颗璀璨明珠，堪称中华文化划时代的杰作，被称为"活的水利博

图 4-4　都江堰水利工程

物馆"。

　　2000 年，都江堰和青城山共同作为一项世界文化遗产，被列入《世界遗产名录》。

~~~~~~~~~~~~~~~~~~~~~~~~~~~~~~~~~~~~ **75**

长江水电是从何时开始开发的？"万里长江第一坝"在哪？

　　长江水电的开发始于新中国成立之初。为保证长江水利水电开发建设的系统性、科学性和综合性，1950 年，国家成立长江水利委员会，同时设立各省（区、市）水利水电厅（局），正式开始了围绕长江流域建设发展的针对性研究。1952 年、1953 年，长江流域相继遭受了连续干旱，1954 年遭遇特大洪水。干旱、洪水带来的灾难让人们意识到了加快治水的重要性。长江流域沿岸各省（区、市）大力修整和加高加固全江堤防，恢复整修和兴办小型排灌工程成为新中国成立初期长江水利水电工程建设的重点。仅四川、湖北、湖南三省就修建塘堰等小型水利设施 300 多万处。同时，开始兴建大型水利枢纽，如以灌溉为主要任务的湖北钟祥石门水库（1954）、湖北随州黑屋湾水库（1956），以发电为主要任务的四川龙溪河梯级狮子滩水电站（1954）、江西上犹江水电站（1955）。

1958 年，中央政治局会议通过了《中共中央关于三峡水利枢纽和长江流域规划的意见》，确定了长江流域建设的指导方针和工作原则。1959 年提出的《长江流域综合利用规划要点报告》，明确将三峡水利枢纽工程作为长江流域水利水电开发治理的重中之重。这一时期，长江流域兴建了大量水利水电工程，包括大中小型水库 4 万余座，其中大型水库 106 座，发挥了防洪、灌溉和发电等综合效益。1970 年 12 月，长江上第一座大型水电站——葛洲坝水利枢纽工程正式开工建设。大坝位于湖北宜昌，全长 2595 米，坝高 47 米，水库库容 15.8 亿立方米，设计蓄水位高程 66 米，校核洪水位高程 67 米，设计洪水流量 8.6 万立方米 / 秒，校核洪水流量 11 万立方米 / 秒，电站装机容量 271.5 万千瓦，单独运行时保证出力 76.8 万千瓦，年发电量 157 亿千瓦时，被称为"万里长江第一坝"，属于三峡工程的一个重要组成部分。

葛洲坝水电工程由船闸、电站厂房、泄水闸、冲沙闸及挡水建筑物组成，一、二号两座船闸可通过载重为 1.2 万—1.6 万吨的船队，三号船闸可通过 3000 吨以下的客货轮。库区回水 110—180 千米，这使川江航运条件得到改善。三峡工程建成后，葛洲坝水电工程可为三峡工程起到反调节作用，反调节库容达 8500 万立方米。

　　葛洲坝水电工程是我国水电建设史上的里程碑。它在一定程度上缓解了长江水患，具有发电、改善峡江航道等功能，可发挥巨大的经济和社会效益。同时，它提高了我国水电建设的科学技术水平，培养和锻炼了一支高素质的水电建设队伍，为三峡水利枢纽工程建设积累了宝贵的经验。

~~~~~~~~~~~~~~~~~~~~~~~~~~~~~~~~~~~ # 76

三峡工程为什么被称为"大国重器"？

　　三峡工程科学价值非常高，不仅是治理长江水患、航运畅达、绿色发电、抗旱补水的综合水利枢纽工程，更是实现人水和谐的民生工程，是实现全面建成小康社会的基础性工程，是中华民族伟大复兴的标志性工程。

　　三峡工程的成功建设，推动了我国基建战线和重大机电装备科技水平的大幅提升，使我国由水电大国跃升为水电强国，"三峡品牌"已享誉世界。我国科技工作者依靠自力更生、自主创新获得了重大科技创新成果，依靠拼搏奋斗攻克了大型水电站建设与运营的核心技术、关键技术。

　　三峡工程经过长达 17 年的建设，攻克了诸多世界级技术难题，创下了当今世界最大的水利枢纽工程等 112 项世界之最和 934 项发明专利。三峡工程之前，我国还造不出 32 万千瓦以上水轮发电机组，如今，具有自主知识产权的百万千瓦机组在金沙江白鹤滩水电站成功投产。2020 年 1 月，"长江三峡枢纽工程"荣获了 2019 年度"国家科学技术进步奖"特等奖。

从左岸机组的引进，到右岸机组的自主创新，再到溪洛渡、向家坝及乌东德、白鹤滩水电站单机容量的不断突破，三峡工程持续提升中国大型水电机组设计制造能力，成功实现从 32 万千瓦到 70 万千瓦、80 万千瓦、100 万千瓦的"三级跳"，推动我国水电重大装备制造业成功迈向世界巅峰。

通过三峡工程等一个又一个大国重器的建设，中国水电由"跟跑者"向"并行者""领跑者"转变。混凝土温控、大江截流、百万千瓦机组设计和制造、世界最大地下厂房建设、智能大坝建造等始终占据世界大型水电施工技术制高点，无不展现出三峡工程对我国水电科技创新的重大贡献。

近年来，三峡水库坝区着力打造长江三峡黄金旅游核心带，将现代工程、自然风光和人文景观深度融合，展现出自然美与人文美、工程美的新时代壮美画卷，有力提升了三峡国际旅游的"高颜值"和绿色发展的"现代气质"。

图 4-5　长江三峡大坝

~~~~~~~~~~~~~~~~~~~~~~~~~~~~~~~~~ *77*

金沙江水电开发采用环保领先技术的作用是什么？

一是促进生态环境的修复。大力修复长江流域水体、湿地、山川、林木，治理好生态岸线、生产岸线、生活岸线，保护好长江生物多样性。开挖边坡实施植被护坡工程，能有效减少水土流失量，可达到控制水土流失、较好恢复生态的目的；在原有裸露岩石边坡覆盖一层植被，对工程建设中被破坏的生物链进行修复，可以使生态系统得到最大限度的重建和还原。

二是促进景观的开发。在金沙江下游梯级电站的建设中，施工区域联动实施景观整体规划，工程区绿化与生态修复一体推进，采用了植物措施恢复工程区水土，维护景观与生态平衡。从规划设计、科学研究、试验保育、专业养护等方面入手，攻克了干热河谷地区绿化恢复困难的难题。以溪洛渡电站为例，结合施工扰动区域在生态恢复和恢复完成后最终标的的差异性，将后续生态恢复按功能划分为两大区域类型：景观绿化区和生态恢复区。其中景观绿化区对景观有一定要求，如大坝枢纽区施工迹地板块，作为进入对外交通公路起点的癞子沟渣场、库区大坝可视范围内的豆沙溪沟渣场至 23 号公路沿线区域施工迹地板块，马家河坝施工迹地板块等，兼顾景观的需要，生态恢复标准适当提高。生态恢复区指除去景观绿化区以外需恢复的施工迹地，这类场地对景观没有特殊的要求，主要以恢复植被保持水土功能的生态恢复为主。

三是有助于长江流域内需绿化区域的植被恢复。金沙江下游四个梯级电站均位于干热河谷的气候区域，传统的植被恢复技术体系及方法缺乏可验证的成功案例，其管理水平、物种选择和植物种植技术及措施的时空配置方式面临特殊区域气候的挑战，难以保障施工开挖面区域的植被恢复与生态治理达到预期的效果。通过对工程建设区特有气候条件、植被特征及开发建设区特征的研究与实践，逐步总结出技术可行、成本低廉的干热河谷区树种移植与迹地绿化技术体系。

78

长江流域的世界灌溉工程遗产有哪些？

2014 年，国际灌溉排水委员会（ICID）为保护极具价值的人类灌溉工程，设立了专业的世界灌溉工程遗产。目前，全球共 18 个国家拥有世界灌溉工程遗产，总数达 140 处，几乎涵盖了所有种类的灌溉工程。在世界灌溉工程遗产名录上，中国的工程共有 30 个，中国也成为灌溉工程遗产种类最丰富、分布最广、灌溉效益最重要的国家。其中，位于长江流域的世界灌溉工程遗产有 2014 年（第一批）入选的四川乐山东风堰、浙江丽水通济堰、湖南新化紫鹊界梯田，2015 年（第二批）入选的浙江诸暨桔槔井灌工程、宁波它山堰，2016 年（第三批）入选的江西吉安槎滩陂、浙江湖州溇港，2017 年（第四批）入选的陕西汉中三堰，2018 年（第五批）入选的四川成都都江堰、广西兴安灵渠、浙江衢州姜席堰和湖北襄阳长渠，2019 年（第六批）入选的江西抚州千金陂，2021 年（第八批）入选的江苏里运河－高邮灌区、江西潦河灌区，2022 年（第九批）入选的四川通济堰、江苏兴化垛田、浙江松阳松古灌区、江西崇义上堡梯田。其中，比较出名的世界灌溉工程遗产有都江堰、灵渠、姜席堰和长渠，现逐一说明。

都江堰始建于公元前 3 世纪，是中国古代无坝引水的代表性工程，以"乘势利导、因时制宜"和"深淘滩、低作堰"等技术特点而著称，引长江支流岷江之水灌溉成都平原，造就"天府之国"的美誉，目前灌溉面积 1000 多万亩。

灵渠位于广西兴安县，是沟通长江流域的湘江和珠江流域的漓江的跨流域水利工程，始建于公元前 214 年，兼有水运和灌溉效益，宋代文献已有灵渠灌溉的明确记载，干渠上以有坝或无坝引水、提水等多种形式灌溉湘桂走廊沿线农田，目前灌溉面积约 6 万亩。

姜席堰位于浙江龙游县，始建于元至顺年间（14 世纪），渠首自衢江支流灵山港引水，利用河中沙洲建上下二堰引水，灌溉 3.5 万亩农田，并为县城区供水，灌渠沿线利用高差还修建有多处水能利用设施。

长渠位于湖北襄阳，相传前身为战国大将白起水攻楚皇城时所开渠道，至迟在南宋时期已形成相对完善的灌溉体系，是古代"长藤结瓜"式灌溉工程的典型代表，目前灌溉面积 30 多万亩。

◎ 延伸阅读

国际灌溉排水委员会（ICID）

1950 年 6 月 24 日，国际灌溉排水委员会（ICID）成立。它是非政府间、非营利性的国际组织。ICID 通过合理管理水与环境，以及灌溉、排水和防洪技术的应用，提高水土管理及灌溉和排水土地的生产率，改善全世界人民的衣食供给，旨在鼓励和促进工程、农业、经济、生态和社会科学各领域的科学技术在水土资源管理中的开发和应用，推动灌溉、排水、防洪和河道治理事业的发展和研究，并采用最新的技术和更加综合的方法为世界农业的可持续发展做出贡献。

79

数字技术在建设长江国家文化公园中发挥什么作用？

建好用好长江国家文化公园，要深刻认识到数字技术在长江国家文化公园建设中所发挥的重要且独特的作用，做好数字技术赋能长江国家文化公园的工作。

其一，数字技术在长江国家文化公园建设中丰富了产品供给，创新了长江旅游业态。数字科技有助于提升长江国家文化公园文旅产品品质，扩大文旅产品供给。通过科技赋能，可以实现长江文化旅游的创新展示，让长江文化旅游"活"起来，推进长江文旅信息在更大范围开放共享。通过数字化展陈手段，全时空、立体式再现长江故事，增强游客参与度和互动感，使游客真正"身临其境"，对长江路线和故事有更深层次的理解。新业态培育是促进长江国家文化公园与旅游融合发展的重要抓手，利用数字科技推动长江国家文化公园与乡村旅游、生态旅游等融合发展，形成优势叠加、双生共赢的良好局面。推动"云观展""云旅游""云直播"等线上旅游业态的发展，数字化展示长江旅游文化资源，运用最新科技手段，集旅游文化、科技、艺术于一体，进一步增强长江国家文化公园的吸引力和互动性，打造长江数字科技艺术馆。

其二，数字技术在长江国家文化公园建设中将促进消费升级，激发文旅消费活力。推动线上线下消费有机融合，引导线上用户转化为实地游览、线下消费，是激发长江国家文化公园文旅消费增长的有效途径。数字科技将引导和培育长江国家文化公园网络消费新热点、新模式，为游客提供更好的旅游体验，还可以推动现有实景内容向沉浸式内容移植转化，建设融红色、科技、技术于一体的长江精神现代体验场所，为游客创造独特的文化体验和历史顿悟，激发并满足更多高品质的数字红色文旅消费需求。结合数据挖掘、人工智能等科技要素，有针对性地推出一批高品质网络长江旅游文化产品，打造更多具有广泛影响力的数字长江文化品牌，以优质数字长江文化产品满足人们多元化、个性化的文旅消费新需求。

其三，数字技术在长江国家文化公园建设中将提升管理水平，打造融合管理平台。数字科技在长江国家文化公园文旅产业的应用，能够有效提升公共服务与行业管理水平，进一步创新服务与管理模式，让智能化管理成为常态。以智能化服务为载体，全面构建文旅综合服务平台，扩大智能基础设施覆盖面，加快旅游景区智慧化建设，打造长江国家文化公园高质量建设的标杆。利用数字科技整合各类长江文化旅游资源，可以推进分散的长江文化要素有机整合，推动"小旅游"向"大平台""大生态"演进。基于平台的统计、分析等功能，更加精细地捕捉和监测游客游览与运营情况，在定期研判的基础上，更好地进行政策引导，提高长江国家文化公园公共服务效能和公共管理效率。借助数字科技搭建品牌营销平台，提升长江国家文化公园文旅品牌的知名度和美誉度，打造长江沿线各地新文化、新地标、新景观和旅游文化新高地。

长江国家文化公园的环境配套工程将重点关注哪些方面?

长江是中华文明多元一体格局的标志性象征。建设长江国家文化公园对于充分开发长江的历史文化资源、激活长江文化的时代价值、丰富完善国家文化公园体系、做大做强中华文化重要标志具有重大且深远的意义。

在建设长江国家文化公园的过程中,环境保护工作显得尤为重要,尽管我国长期以来高度重视长江流域的生态保护工作,但依然面临着生态保护的碎片化问题(包括地域碎片化、部门碎片化、专业碎片化等),致使一些跨省市交界区域上下游、左右岸、水陆交界区域等往往成为生态污染的重灾区和矛盾高发区,严重影响着整个流域生态保护的效果。根据美国田纳西河、德国莱茵河、北美五大湖区等的有益经验,长江流域生态保护的跨界体制建设,需要构建一套真正实现跨地域、跨部门、跨层级的治理体制。一方面,在环境保护和排污治理上,统一划定沿江生态控制区范围,制定沿江省市统一的国家标准,最大限度地降低污染排放量,从源头上遏制环境污染和生态破坏;依托生态环境部及新设立的流域管理机构对全流域的各类生态违法行为,制定实施统一的执法标准,进行垂直管理。另一方面,在加大政府投入的基础上,创新生态融资方式,引导广大社会资本积极投入生态保护领域,设立具有稳定收益的长江流域环境保护基金,为全流域的生态保护重点工程、重点产业、重点项目等提供充足的资金保障;在实现保护标准统一的基础上,精准核算,建立健全上下游生态利益补偿机制,消除上游地区因严格的生态保护而带来的经济发展方面的机会成本,抑制区域差距,消除区域矛盾。

总体而言，预计长江国家文化公园环境配套工程将重点关注以下几个方面。一是维护长江沿线人文自然风貌，实行严格保护措施，合理控制长江周边开发建设强度，加强历史文化名城名镇名村、历史文化街区和传统村落的整体保护提升，保持建筑风格和整体风貌的地域环境特色。二是完善提升各类设施和服务体系，结合主题展示区和文旅融合区建设，完善相关公共设施、应急设施和公益设施，推进必要商业设施建设。三是推动建设长江复合廊道体系，改善旅游交通条件，按照"主题化、网络状、快旅与慢游结合"原则，打造融交通、文化、体验、游憩于一体的复合廊道。四是健全长江国家文化公园服务标准体系，促进实现长江国家文化公园统一化、规范化、系统化规划建设和管理运营。五是要重视长江岸线的自然生态修复。建立"源头严控、过程严管、后果严责"的保护体系，严格落实自然资源保护负面清单，完善环境资源执法体系，确保一江清水永流后世、千里廊道惠及全民。大力修复长江流域水体、湿地、山川、林木，治理好生态岸线、生产岸线、生活岸线，保护好长江生物多样性。规划可漫步、可骑游的绿道慢行网络，连通城市腹地道路与江滩闸口，形成"内畅外达"的高效复合交通走廊。

~~~~~~# 81

哪些综合性国家科学中心、区域科技创新中心布局在长江流域？

党的十八大以来，党中央把握世界发展大势，立足当前、着眼长远，把科技自立自强作为国家发展的战略支撑，推动实施科教兴国战略和创新驱动发展战略，坚定不移走中国特色自主创新道路。推动长江经济带发展是党中央做出的重大决策，是关系国家发展全局的重大战略。综合性国家科学中心是国家科技领域竞争的重要平台，是国家创新体系建设的基础平台。建设综合性国家科学中心，有助于汇聚世界一流科学家，突破一批重大科学难题和前沿科技瓶颈，显著提升中国基础研究水平，强化原始创新能力。

2021 年 3 月，《中华人民共和国国民经济和社会发展第十四个五年规划》和《2035 年远景目标纲要》发布，支持北京、上海、粤港澳大湾区形成国际科技创新中心，建设北京怀柔、上海张江、大湾区、安徽合肥综合性国家科学中心，支持有条件的地方建设区域科技创新中心。2021年 2 月，科技部印发《关于加强科技创新促进新时代西部大开发形成新格局的实施意见》，支持成渝科技创新中心建设。2022 年 4 月，武汉具有全国影响力的科技创新中心获批建设，成为继北京、上海、粤港澳国际科创中心和成渝区域科创中心后，全国布局建设的第五个科技创新中心。2023 年 1 月，西安市获批建设综合性国家科学中心、区域科技创新中心。至此，我国 5 个综合性国家科学中心 2 个位于长江流域，6 个国家科技创新中心 3 个落子长江流域。

奔腾不息的长江水中，每一朵浪花都是新的。科技兴则民族兴，科技强则国家强。长江经济带城市如何以科技创新为抓手，促进长江经济带高质量发展？在我国科技事业发生历史性、整体性、格局性重大变化的当下，长江经济带已进入创新驱动转型的新发展阶段，一条从人才强、科技强，到产业强、经济强、国家强的发展道路就在眼前。

◎ **延伸阅读**

综合性国家科学中心

综合性国家科学中心以高水平大学、科研院所和高新技术企业等深度融合为依托，布局建设一批重大科技基础设施、科教基础设施和前沿交叉研究平台，组织开展高水平交叉前沿性研究，产出重大原创科学成果和颠覆性产业技术。综合性国家科学中心汇聚和配置全球创新资源，打造自由开放的制度环境，有利于塑造国际科技竞争优势。

~~~~~~~~~~~~~~~~~~~~~~~~~~~~~~~~ # 82

哪些大科学装置布局在长江流域？

大科学装置是指通过较大规模投入和工程建设来完成，建成后通过长期的稳定运行和持续的科学技术活动，实现重要科学技术目标的大型设施。大科学装置的建设和利用与一般的科学仪器及装备有很大的不同，也有别于一般的基本建设项目，这些特殊点主要是：（1）科学技术意义重大，影响面广且长远，同时建设规模及耗资巨大，建设时间长；（2）技术综合、复杂，需要在建设中研制大量非标设备，具有工程与研制的双重性；（3）其产出是科学知识和技术成果，而不是直接的经济效益，建成后要通过长时间稳定的运行、不断的发展和持续的科学活动才能实现预定的科学技术目标；（4）从立项、建设到利用的全过程，都表现出很强的开放性、国际化的特色。

　　长江流域是我国科学技术创新的重要承载地，根据国际科技发展战略，下面简述 3 个布局在长江流域的大科学装置。

　　一是长江模拟器科学装置。长江模拟器是大数据驱动的长江流域综合模拟与调控决策系统，是以水系统科学理论为基础，以长江流域为对象，以流域水循环为纽带，将自然过程与社会经济过程相耦合的流域模拟系统及其软硬件装置。流域综合模拟系统是一个涉及"水－土－气－生－人"等多要素多过程的复杂巨系统，要在科学统筹的前提下实施流域系统治理，实现流域绿色发展，面临的主要难点就是缺乏强有力的科技支撑。通过建设长江模拟器，实现水循环、水环境、水生态和社会经济过程耦合模拟，集成创新流域水生态恢复和水环境治理技术体系，长江模拟器可以说是科技创新支撑长江流域的综合管理的体现。

　　二是合肥同步辐射装置。合肥同步辐射装置主要研究粒子加速器后光谱的结构和变化，从而推知这些粒子的基本性质。它始建于 1984 年 4 月，1989 年 4 月 26 日正式建成，迄今已建成 5 个实验站。在合肥同步辐射装置基础上形成的合肥先进光源（HALS）及先进光源集群，将是基于衍

图 4-6　合肥大科学装置

射极限储存环的第四代同步辐射光源，其发射度及亮度指标世界第一，并且在软 X 射线光谱区横向完全相干，将是全世界最先进的衍射极限储存环光源。

三是超瞬态实验装置项目。超瞬态实验装置项目将利用超瞬态先进同步辐射光源和超瞬态电子显微两种探针，建成全球唯一多维度多尺寸表征的科技基础设施。作为肩负原始创新重任的"科学重器"，建成后该装置将服务先进制造、先进材料、新能源、信息技术、生物医药中的核心科学问题。超瞬态实验装置项目位于西部（重庆）科学城，占地约 500 亩（约 33.33 万平方米），分两期建设，一期计划建设实验中心及办公用房 1.026 万平方米，引进 350 兆电子伏直线加速器、调制 – 反调制束线和 3 个超瞬态电子显微平台。

◎ **延伸阅读**

大科学装置

大科学装置的科学技术目标必须面向国际科学技术前沿，为国家经济建设、国防建设和社会发展做出战略性、基础性和前瞻性贡献。改革开放以来，我国的各项事业蓬勃发展。作为国家持续发展的支撑条件，我国正在建立宏大的创新体系。建立科技基础条件平台是国家创新体系建设中的重要内容，大科学装置则是国家科技基础条件平台的重要组成部分。

第五篇

时代精神

83

长江给我们留下的不仅是延绵万里的文化遗址，更是融入华夏灵魂的精神血脉。长江精神激励着一代又一代中华儿女创造了辉煌的历史，并将继续引领中华民族实现伟大复兴的中国梦。

广纳百川，方成大江大河。在银装素裹中，一滴滴冰川融水倏然落下，涓涓而成溪流，一路向东，奔腾万里。在旅途中，岷江、嘉陵江、汉江、湘江等支流纷纷汇聚，最终形成了一条长达 6397 千米、水资源总量

长江精神指什么？给我们什么启示？

159

为 11186 亿立方米的奔腾大江，冠绝于世界东方。唯有吸收百川之美，包容百川之德，方能有"唯见长江天际流"的巍巍壮观。在经济全球化遭遇波折、逆全球化进程不断加快、国际政治经济局势日益纷繁复杂的当下，长江广纳百川的精神警醒我们要以文明交流超越文明隔阂，以文明互鉴超越文明冲突，以文明共存超越文明优越，以开放包容的姿态同世界上各种声音交流互助。

　　润泽万物，尽显大爱无言。长江是中华文明发展的摇篮，数千年来默默哺育着沿岸的亿兆生民，孕育了巴蜀、两湖、吴越等各具特色的八大文化区。长江流域总面积 180 万平方千米，占我国总面积的 18.8%，汇聚了全国超四成的人口和生产力。它如儒家推崇的"仁者"，普施利物，不于其身，这才有了沿江数千里熙熙攘攘的繁华景象。在我国发展不平衡不充分问题仍然突出、城乡区域发展和收入分配差距较大的背景下，长江润泽万物的品格提醒中国共产党人要以"我将无我，不负人民"的高尚情怀，

图 5-1　惊涛裂岸：云南虎跳峡

扎实推进全体人民共同富裕，更好满足人民日益增长的美好生活需要。

百折不回，坚定自强不息。俯瞰中国地图，长江宛如一条蜿蜒盘旋的巨龙，九曲回肠，百转千回，冲破重峦叠嶂，毅然形成千里奔流，从青藏高原延伸至上海崇明岛。沿途纵有"乱石穿空，惊涛拍岸，卷起千堆雪"，却依旧"青山遮不住，毕竟东流去"。近代以来，面临亡国灭种的危险境地，长江百折不回的气魄激励着中国人民不屈不挠，砥砺奋进，最终获得抗日战争和解放战争的全面胜利，迎来了从站起来、富起来到强起来的伟大飞跃。迈进新时代，长江精神将继续激励我们自信自强、守正创新，踔厉奋发、勇毅前行，为全面建设社会主义现代化国家而团结奋斗。

84

长江流域当下有哪些著名的景点景区？

1968 年，现代画家张大千创作了《长江万里图》。全图西起四川岷江，中经天府之国、长江三峡、荆楚大地，东至黄浦江入海口，将岷江、都江堰、索桥、导江玉垒、重庆、万县、三峡、宜昌、武汉三镇、庐山、小孤山、黄山、芜湖、南京、镇江、金山寺、上海，直到崇明岛等长江著名景点尽收眼底。

绵延万里的浩浩长江，两岸胜景的确数不胜数，现已形成"一线七区"。

长江干流旅游线：主要包括重庆至上海的长江干流，全长近 2500千米，以瞿塘峡、巫峡、西陵峡为代表的长江三峡，早已蜚声中外。白帝城、夔门、悬棺、孟良梯、古栈道、屈原故里、黄陵庙、三游洞、小三峡等风景名胜，也已是妇孺皆知。重庆缙云山的南北温泉、丰都的"鬼城"、忠县的石宝寨、云阳的张飞庙、湖北的葛洲坝水利枢纽、当阳的玉泉寺、荆州的古城与赤壁、武汉的黄鹤楼、湖南的岳阳楼、江西彭泽的小孤山、鄱阳湖口的石钟山、江苏镇江的"三山"、南通的狼山等沿途景观，同样远近闻名。就连重庆、武汉、南京、上海等沿江城市，也都是具有多项旅游资源的风景名胜。

长江三角洲旅游区：主要包括杭州西湖、太湖风景名胜区，以及上海、南京、镇江、扬州、无锡、苏州、常州、嘉兴、宜兴等大中小城市，其湖光水色、城市风光、古典园林、文化遗迹，往往让人流连忘返。

皖南名山风景区：主要包括黄山、九华山等山地景观，兼得园林、庙宇之趣。此外还有贵池城东南的舟山和马鞍山采石矶等名胜古迹。

赣北赣西旅游区：主要包括庐山、井冈山、三清山等名山和南昌、景德镇、九江等名城。

鄂西北陕南旅游区：主要包括湖北境内的屈家岭文化遗址、随州曾侯乙墓遗址出土的战国大型编钟、钟祥的明显陵、襄阳的襄阳古城和古隆中，还有道教圣地武当山和神农架原始森林等，汉中的张骞墓、古汉台、拜将台，勉县武侯墓、武侯祠，留坝的张良庙等遗迹，此外还有古堰渠道和当代的丹江口水利枢纽。

湘西湘北旅游区：主要包括武陵三胜境——张家界、索溪峪、天子山等湘西旅游区，以及岳阳楼、洞庭湖的君山、长沙的岳麓山、橘子洲头等湘北旅游点，此外还有衡山较为著名。

重庆四川旅游区：川中以成都为中心，有都江堰、青城山、宝光寺，峨眉山、乐山大佛、岷江小三峡；川南有宜宾的翠屏山，泸州的忠山，自贡的盐都、恐龙，珙县的悬棺奇观，兴文的"石林洞乡"；川东以重庆为中心，周围以大足石刻最为著名；川北有广元的千佛崖、川陕的古栈道、剑阁的剑门关、江油的李白故里；川西地区有中国卫星城——西昌、中国第一座冰川公园——贡嘎山。嘉陵江上游有九寨沟自然风景区。

滇北黔北旅游区：主要包括被称为"动植物王国"的深山峡谷，纳西族名城丽江，泸沽湖畔"女儿国"，昆明的滇池，贵阳的地下公园、花溪、溶洞，遵义的中国革命纪念地，等等。

为便于国内外游客更好地游览长江沿线景点，2023 年 5 月，文化和旅游部设计推出了包括长江文明溯源之旅、长江世界遗产之旅、长江安澜见证之旅、长江红色基因传承之旅、长江自然生态之旅、长江风景揽胜之旅、长江乡村振兴之旅、长江非遗体验之旅、长江瑰丽地貌之旅、长江都市休闲之旅等 10 条长江主题旅游线路，以及包含 38 条长江国际黄金旅游带精品线路的《长江国际黄金旅游带精品线路路书》，以全面展示真实、立体、发展的长江。

图 5-2　湖北省襄阳市三国古隆中的隆中书院

～～～～～～～～～～～～～～～～～～～～～～～～～～～～～～ **85**

建设长江国家文化公园对文化发展有什么作用？

滔滔的长江水见证了河姆渡人制作陶器、饲养牲畜的史前故事，见证了汉魏六朝的诞生与灭亡，见证了中华民族的伟大复兴。长江国家文化公园将重新唤醒这些沉寂千年的历史文化，激发往来游子满腔的民族自豪，筑牢中华民族鼎立千秋的文化长城。

建设长江国家文化公园有利于夯实文化自信。长江流域有丰富的历史遗迹和深厚的文化积淀，每一段都孕育了独特的地域文化，藏文化、羌文化、彝文化、巴文化、蜀文化、楚文化、湖湘文化、吴越文化如宝石般镶嵌在长江的飘带之上。这些文化共同组成了源远流长、博大精深的长江文化，并为长江国家文化公园所包容与呈现。长江国家文化公园让人们得以探访前人留下的光辉历史，了解不同地区和民族独特的风俗习惯，进而理解中国的过去与现在，在传统与现代的延续中体会中华民族独有的精神气质与价值理念，最终塑造中华文明共同体的文化意识与文化自信。

建设长江国家文化公园有利于促进文化传承。长江国家文化公园的建立可以提供展示文化魅力的平台，从而引导公众对长江流域的优秀传统文化产生兴趣，让更多人认识丰富多彩的长江文化，召集更多的青年加入传承、传播长江文化的行列，培育一大批长江文化的代言人。通过讲述历史名人的生平事迹，传承历史悠久的传统医药，学习流传千年的传统工艺，培养戏剧曲艺的人才队伍，长江文化将为更多的年轻人所接纳、热爱、坚守、传承，从而薪火相传，血脉承袭，延续万代，生生不息。

建设长江国家文化公园有利于推动文化创新。文化发展的实质就在于文化创新，文化创新要求将传统文化与新生事物相结合，在传统文化中注入时代精神，让传统文化以新的姿态出现在观众面前，以适应人民对美好生活的需要。长江国家文化公园将集中力量优化文化环境，吸引文化人才，整合文化资源，建设文化平台，推动文化创新。一系列不同主题的长江文化活动将陆续展开，将长江文化融入演艺娱乐、节庆展会、工艺美术中。在现代技术与传统文化的对接中，一大批有深度、有内涵、有价值的文化作品将涌现出来。

86

建设长江国家文化公园有科研、教育意义吗？

长江沿线 11 省（区、市）共有世界文化遗产 14 处，世界自然与文化双重遗产 3 处，全国重点文物保护单位 1600 多处，国家级非物质文化遗产代表性项目近 1300 项，省级以上非物质文化遗产 6000 多项。作为一个如此巨大的超级文化空间复合体，长江国家文化公园具有重要的科研与教育意义。

建设长江国家文化公园对于人文、社科等领域具有重要的科研意义。对人文科学而言，作为中华文明的起源地，长江流域留下了太多的历史谜团，不计其数的文物古迹和文化遗产为探索历史真相提供了钥匙。长江国家文化公园的建设有利于系统推进长江流域遗迹遗址考古发掘、文物保护与文物修复、文献收集与文献整理等工作，拓展当代文史研究的研究视野与研究基础；有利于开展一系列长江文化主题学术研究活动，促进长江文化研究的学术交流；有利于进一步挖掘、提炼、阐释长江文化的精神内涵，延续长江文明与中华文明的精神血脉，推动中华文化创造性转化、创新性发展。对社科研究而言，作为人类历史上的首创，长江国家文化公园的建设为社会科学研究提供了全新命题，为经济、社会、文化、生态协调发展提供了有益的探索，有利于推动长江经济带高质量、可持续发展。

建设长江国家文化公园在人格培养、知识普及、爱国主义教育等方面具有积极的教育意义。首先，长江国家文化公园建设有利于社会大众在文化的熏陶中树立正确的世界观、人生观、价值观，培养自强不息、积极进取、坚忍不拔、豁达开朗的生活态度与精神品质，进而铸就健全的人格。在杜甫草堂，杜甫颠沛流离却依旧心忧天下的人生旅程提醒我们纵使山遥路远，也要砥砺前行；在岳阳楼上，范仲淹"不以物喜，不以己悲""先天下之忧而忧，后天下之乐而乐"的警句告诫我们为人要有宽阔的胸襟、崇高的人格与奉献的精神。其次，作为社会教育的重要载体，长江国家文化公园有利于传统文化知识在全社会范围内的普及。长江国家文化公园综合利用长江沿线的文化场馆，广泛运用数字化的展示与呈现手段，让大众全方位地回顾长江先民创造的璀璨历史，近距离地接触织锦、刺绣、雕刻等享誉世界的文化遗产。最后，长江国家文化公园是爱国主义教育的天然课堂，屈原、祖逖、岳飞、文天祥、秋瑾等历代先贤在大江上下书写了可歌可泣的爱国故事，沿途的红色遗址更昭示着中国共产党筚路蓝缕的奋斗历程，时刻砥砺着当代青年努力奋斗，报效家国。

87

~~~~~~~~~~~~~~~~~~~~~~~~~~~~~~~~~~~

长江文化对传播社会主义核心价值观有什么意义？

文化与价值观是不可分割的，价值观是文化的核心，文化是价值观的表现，文化中蕴含、折射着价值观和价值内涵。核心价值观是文化中最深层次的要素，是文化的精髓，其中社会主义核心价值观是中华文化在国家、社会、个人三个层面的价值凝练。长江文化是一个具有认同性和归趋性的文化体系，既是长江流域文化特性的集结和凝聚，又是时空交织的多层次、多维度的文化复合体，还是社会主义核心价值观的重要思想文化来源。保护、传承和弘扬长江文化，对推动社会主义核心价值观的广泛培育和深入践行具有重要作用。

首先，长江文化彰显的精神情怀有利于弘扬社会主义核心价值观在国家层面的价值目标。放眼历史，投身汨罗的屈原激励了一代又一代中华儿女救亡图存，保家卫国；闻鸡起舞的祖逖率领族人中流击楫，意图驱逐入侵，光复河山。一百年来，长江流域见证了中国共产党带领中国人民接续奋斗的光荣历史，中国共产党在南湖诞生，在南昌起义，既经历了"金沙水拍云崖暖，大渡桥横铁索寒"的惊险，也拥有过"钟山风雨起苍黄，百万雄师过大江"的豪迈，党带领人民站起来、富起来、强起来的诸多重大历史节点，在这里永久标注。中华儿女对富强、民主、文明、和谐的殷殷期盼，早已融入长江的滚滚波涛。

其次，长江文化展示的人文风貌有利于普及社会主义核心价值观在社会层面的价值取向。长江流域山水良田相依相伴，名城古镇临水而居，天赐的自然条件造就了长江沿线自由、包容的社会环境：这里古韵悠悠，文风鼎盛，仁人君子，"先忧后乐"；这里渔樵耕读，多元发展，尊师重教，崇文重礼；这里商贾云集，重商重利，千工百技，百花争艳……这一幅幅山水人城和谐共融的图景塑造了自由、平等、公正、法治的社会氛围，进而为社会经济持续发展提供了制度保障与动力源泉。而今长江经济带以全国 1/5 的土地，承载了全国 2/5 有余的人口，贡献了全国经济的"半壁江山"，一定程度有赖于长江流域宽松有序的社会环境与文化氛围。

最后，长江文化蕴含的理念态度有利于传播社会主义核心价值观在公民层面的价值准则。自古以来，长江流域涌现出无数的爱国典范，从历史上的屈原、岳飞、文天祥，到革命战争时期无数舍生忘死的长江儿女，无不证明了长江文化中蕴含着的爱国情怀。此外，长江流域精耕细作的农耕文化、食不厌精的饮食文化、百花争艳的曲艺文化、巧夺天工的水工文化和器物文化则是长江人民精益求精的敬业精神的完美体现。与此同时，长江流域潜移默化的社会规范与节庆习俗集中展现了长江儿女诚信友善的淳朴民风。

88

长江国家文化公园对践行"两山"理念有哪些作用？

长江流域不仅是我国重要的文化带和经济带，还是我国重要的生态带。长江国家文化公园的建设可以加强人们对于长江自然生态的保护意识，进一步守护长江流域经济发展的根基，进而从区域经济发展、历史文化传承、文旅产业开发等角度更好地处理经济社会发展和自然生态保护的关系，为长江经济带实现高质量发展提供新的历史机遇，这对于在全国范围内深入践行"两山"理念具有重要的示范和带动意义。

建设长江国家文化公园为深入践行"两山"理念提供了全新发展模式。推动长江经济带建设是关系国家与民族发展的全局性重大战略，要想实现长江经济带的可持续发展，关键要处理好"绿水青山"和"金山银山"的关系。长江国家文化公园秉持积极保护、适度利用的发展理念，以保护为目的，以利用为手段，规划建设了一大批生态文化保护项目，实现了生态效益、社会效益、经济效益三大效益的统一，有利于走出一条生态优先、绿色发展之路，真正使黄金水道产生黄金效益，为促进经济社会绿色转型提供了丰富借鉴参考，为推进生态文明建设和实现美丽中国目标提供了重要支撑，可以作为各地深入开展"两山"理念实践探索的示范样板。

建设长江国家文化公园有利于巩固"两山"理念实践创新基地的建设

图 5-3　绿水青山：长江巫峡

成果。近年来，长江沿线各省（区、市）深入践行"绿水青山就是金山银山"发展理念，创立了一批"两山"理念实践创新基地，努力实现经济社会发展与生态环境保护协调发展。考虑到长江流域文物资源丰富，文化底蕴深厚，发展领先全国，治理成绩突出，在新的历史起点上建设长江国家文化公园可谓恰逢其时，是一项兼具战略性、创新性的重大文化工程，能够进一步巩固和拓展"两山"理念实践创新基地的建设成果，并在加强生态保护的同时激活长江流域丰富的历史文化资源，为全国其他地区推进生态文明建设树立标杆。

　　建设长江国家文化公园有利于提高全社会参与践行"两山"理念的积极性。长江国家文化公园的社会文明叙事集中体现了生态优先、绿色低碳、人与自然和谐共生、全体人民共同富裕的社会主义现代化道路文明新形态，必将引发社会各个领域对于"两山"理念的实践热情，逐渐形成全国范围内的示范引领效应，共同推动"两山"理念成为全社会的广泛共识。通过现代社会"五位一体"文明场域的综合性构建，长江国家文化公园的建设将推动长江经济带的高质量发展与人民生活品质的进一步提升。

◎ 延伸阅读

"两山"理念

　　"两山"理念即"绿水青山就是金山银山"。"绿水青山"代表的是生态环境，包括山水林田湖草等自然生态资源；"金山银山"代表的是经济发展，包括矿产资源、能源等物质财富。"两山"理念主张在经济社会发展中，要坚持保护好绿水青山，加强生态文明建设，推进绿色发展，使生态环境得到保护和恢复；同时，也要发展好金山银山，推进经济发展，提高人民生活水平。这样，才能实现人与自然和谐共生，实现可持续发展。

~~~~~~ **89**

大运河国家文化公园与长江国家文化公园有什么样的关联？

大运河国家文化公园、长江国家文化公园建设都是国家重点工程，互为关联，具有多方面意义：

首先，都是重要的标志性文化工程。大运河、长江都是中华民族标志性文化符号。大运河沟通南北，水运体系遍及南北多省市，沿着长江、淮河及海洋通往全国各地乃至世界，大运河沿线孕育了一批重要港口城市如南京、镇江、扬州、苏州、常州、南通等，其中部分城市还是长江下游经济文化中心城市。可见，大运河文化与长江文化在江苏省形成了重要的交汇区与文化创造区，长江国家文化公园与大运河国家文化公园的交汇将促进传统文化创造性转化、创新性发展，大运河及长江国家文化公园的建设，将是高水平、高质量建设长江经济带及长三角一体化的重要战略性、标志性文化工程。

其次，都为国家文化公园建设提供示范。大运河和长江在历史上是互相支撑的，它们两线交织，畅通东西，贯穿南北，构成长三角经济区"十"字形发展的坐标轴，这在全国乃至世界上都是极为鲜明的地域文化特色及协同发展优势。推进大运河国家文化公园与长江国家文化公园融合建设，系统且全面把握大运河文化和长江文化的当代价值及文化基因，强化重点文物和文化遗产以及景观文化等的保护、传承、弘扬，通过开展凸显"江河交汇"的特殊区位功能价值，进而能够为其他国家文化公园的建设提供样本与示范。

再次，都将促进城乡区域协调发展。大运河干流流经北京、天津、徐州、扬州、苏州、杭州等16个主要城市，支流涉及更多城市，尤与长江江苏段沿线的南京、扬州、泰州、南通、镇江、常州等城市紧密相关。这些城市处于长江经济带、长三角一体化等国家发展战略叠加的特殊区位。融合建设大运河与长江国家文化公园，发挥大运河与长江沿线地域相连、城市密集、经济发达、文化丰厚的综合优势，统筹各级各类资源有序合理开发，加强与沿线其他省市交流合作，落实区域协调发展战略，不仅有助于大运河沿线区域融入国家重大战略，也有利于从更高层次促进长江沿线城乡区域协调发展开辟新空间、新路径、新动力。

最后，都将服务于"社会主义文化强国先行区"建设。建设社会主义文化强国先行区，是国家为大运河、长江交汇区域擘画"强富美高"宏伟蓝图的重要内容。大运河文化和长江文化富集区，历史上创造过大运河和长江沿线均蕴含的地域文化如江南文化、江淮文化、江海文化等，体现了大运河和长江沿线深厚的文化底蕴，值得去深入挖掘并传承创新。

~~~~~~~~~~~~~~~~~~~~~~~~~~~~~~~~~~~ **90**

长江国家文化公园的建设目标与定位是什么？

建设国家文化公园是新时代建设文化强国的重大战略部署。由于长江流域深厚的历史文化积淀与特殊的经济地理分布，长江国家文化公园拥有独特的靶向目标与属性定位。

保护和传承长江沿岸数千年来积淀的物质文化与精神文化是建设长江国家文化公园的首要目标。作为我国最富有文化生命力的区域，长江流域既拥有源远流长的历史文化，又见证了艰苦奋斗的革命文化，还孕育出吐故纳新的时代文化，因此，传承、保护、继承、发扬长江文化，打造一批同长江紧密关联的，富有历史与时代特点的文化区域，是建设长江国家文化公园的题中应有之义和基本目标。建立以长江为标志性符号的文化象征集群，打造我国文化自信新极点是建设长江国家文化公园的最终目标。长江国家文化公园建设最终将落脚于讲述长江沿线发生的中国故事，提炼长江精神的时代内涵，增强中华民族内在的凝聚力，提升当代中国人的文化自信与中华文化在世界范围内的影响力。

从文化定位来看，长江国家文化公园是传统文化、历史文化、革命文化、时代文化、地域文化的荟萃。长江在千百万年的岁月洗礼中逐渐形成了星罗棋布的文化集群，长江国家文化公园将传统文化、历史文化、革命文化、时代文化、地域文化串联起来，将其融合为以流域为标识的长江文化。长江国家文化公园的建设需要呼应不同形式的文化传统与文化理解，以人民群众能够读懂的方式进行文化挖掘、文化阐释和文化宣传，并在文化交流和文化传播中不断创新和完善。从空间定位来看，长江国家文化公园将形成"一轴三块，三核多点"的空间格局。依据文化资源富集程度、与核心文化的关联度、文化遗产的发掘保护状态等，长江国家文化公园在空间上可以划分为不同的主题功能区，进而构成空间联动、功能互补、特色鲜明的长江国家文化公园空间体系。从功能定位来看，长江国家文化公园将形成以中华民族身份标识为核心，承载多重文化功能的公益性开放空间。通过整合具有突出意义、重大主题、重要影响的文化资源，长江国家文化公园承担起文物保护、文化传承、文化教育、旅游观光、休闲娱乐、科学研究等多重功能。与此同时，长江国家文化公园凸显了公共文化空间的公益属性，同时兼顾了经济社会发展与生态环境保护，使得多重功能相得益彰、协调发展。

~~~~~~~~~~~~~~~~~~~~~~~~~~~~~~~~~~ **91**

长江国家文化公园在空间布局上有什么特点？

长江是我国贯穿东西的文化中轴，串联起上下游众多的文化板块与文化区域。长江国家文化公园将形成"一轴三块，三核多点"的空间格局，其中长江主轴构成国家文化公园整体脉络，上游、中游、下游三大板块合力支撑文化传承，巴蜀、荆楚、吴越三大文化核心引领多点文化建设，充分发挥长江国家文化公园的文化串联和综合展示功能。

"一轴三块"形成空间骨架。长江文化中轴沿长江干流分布，西起于青藏高原，由西向东穿过我国十一大省（区、市），串联起富有地域特点的不同文化区。上游文化板块地处我国西南部，滇、黔、巴、蜀等文化区分布于此，成都、重庆、昆明、桂林、遵义等重点文化城市散落其间，共同构成了各具特色又互联互通的文化体系。中游文化板块地处长江冲要之地，自古为兵家必争，自春秋时期以来得到了长足的发展，并逐渐演化出荆楚、湖湘、赣等文化区和武汉、长沙、襄阳、南昌、景德镇等文化重镇。下游文化板块主要由江淮、吴越文化区组成，两区隔江相望，目送长江汇入东海。长江下游地区经济社会的长期发达使得区域内文化多样性极强，是近代以来我国最具活力的文化聚集地。上海、南京、无锡、杭州等历史文化名城在当下依然璀璨夺目。

"三核多点"实现有机联动。巴蜀、荆楚、吴越文化区作为三大板块的文化核心区，将充分发挥文化吸引、辐射与带动作用，实现板块内不同文化点的互联互牵，相济发展。巴蜀核心区深居内陆的重峦叠嶂之中，安定的环境使其发展出独特的文化产物，是上游文化板块中最具特色和发展潜力的文化区，长期以来占据了长江上游地区的文化主体地位，可以为滇、黔等文化区提供外延性的发展动力。荆楚核心区以洞庭湖、湘江为中心，地处广阔的江汉平原，是中国古代水路运输的枢纽。优越的地理环境和交通区位为荆楚大地提供了发达的农业与繁茂的商业，使其发展为中游文化板块中最具活力的文化核心，并对周边地区展现出极大的文化辐射能力。吴越核心区位于长江尽头，平坦肥沃的长江中下游平原为吴越地区提供了优越的发展环境，自我国古代经济重心南移之后，吴越文化区在文化上也得到了极为全面的发展，成为下游文化板块的绝对核心，对国内外产生了巨大的影响。

92

长江国家文化公园体制建设包含哪些内容？

作为国家文化战略工程，长江国家文化公园建设与管理需要沿线诸多省（区、市）与不同政府部门的协调配合，兼具复杂性与系统性。目前我国国家公园体制建设仍处于起步阶段，不同部门间交叉重叠严重，有效的跨区域协同机制尚未建立。结合国内外国家公园体制建设经验，长江国家文化公园体制建设将从法律体系、规划体系、管理体制和运营体制4个方面展开探索。

一是建立长江国家文化公园法律体系。目前美国、加拿大、德国、澳大利亚、新西兰等国家都制定了明确的国家公园法，并初步形成较为完善的国家公园法律体系。相比而言，当前长江国家文化公园法律体系尚不完善，无法可依、有法不依现象较为普遍，亟须健全的法律保障机制作为支撑。长江国家文化公园的法律体系建设将以保护和合理开发区域内文化资源为目的，在合理借鉴国外经验的基础上，从国家层面建立国家文化公园法律体系，并鼓励公众参与立法；在此基础上，长江沿线省（区、市）可结合当地情况展开立法建设，进一步细化相关法律条例，并尽量降低可能的负面影响。

二是健全长江国家文化公园规划体系。目前，长江国家文化公园建设规划由各省（区、市）分段负责，但作为全国性的综合文化空间，长江国家文化公园需要全国统一的规划体系。考虑到我国社会经济发展的阶段性特征，以及长江国家文化公园以文化保护为主、兼顾全民公益和国家形象代表性的功能定位，长江国家文化公园规划体系将以法律体系为基本框架，采取严把准入关与质量关的循序渐进的规划思路。中央层面负责总体规划的编制与公共标识的设计，并协调相邻省份的规划对接；各省（区、市）需要将总体规划细化为具体操作，所有的规划措施与行动都应与总体目标挂钩，保证规划体系建设的一致性。

三是构建长江国家文化公园管理体制。长江国家文化公园存在明显的空间交叉与重叠，易造成重复设置、重复建设、权责不清等问题，不符合行政管理统一、精简、高效的基本原则。构建完善的管理体制是破解长江国家文化公园建设深层问题的关键路径。长江国家文化公园的管理体制建设将从治理和管理两个维度展开：治理方面，在参考国外管理经验基础上，建立中央政府、地方政府、社区、行业协会、公益组织等多方参与的决策机制；管理方面，细化内部责权分工和部门设置，建立资源开发、游憩管理等目标管理部门和公共事务管理、社区管理等实施保障部门，制定并强化强制秩序和共识秩序的约束机制。

四是完善长江国家文化公园运营体制。目前长江国家文化公园资金保障机制尚不成熟，资金缺口较为明显，构建良好的运营体制有利于实现长江国家文化公园资源保护与合理开发的双赢。长江国家文化公园将制定一整套运营标准，包括准入机制、资源分类与评价、环境影响评价、分区管理、容量控制、游客服务等方面的规范，实现国家文化公园的现代化运营；同时建立有序有效的利益协调机制，规范中央与地方政府部门、公园管理者、特许经营者、当地居民和保护团体等利益相关者的行为，经营性资产将以特许经营或委托经营等方式参与运营。

93

建设长江国家文化公园的研究发掘工程有哪些？

围绕建设长江国家文化公园的研究发掘工程这一课题，国家和地方政府将开展如下一系列工作：

一是开展长江文物和文化遗产保护工作。开展长江岸线文化遗产调查和认定，建立长江文化遗产分级分类名录和档案，动态更新调整，形成长江文化遗产数据库。梳理长江文化相关的非物质文化遗产，做实做细代表性传承人认定和抢救性记录工作，保护修缮长江流域历史文化名镇（村、街区）。开展长江历史文化街区认定，实施名镇名村、传统村落综合整治，保护好传承好利用好特色文化资源和珍贵传统文化风貌。

二是构建理论体系和话语体系，加大国家社科基金等支持力度，重点在长江国家文化公园范围界定、内涵定义、功能定位、空间布局、资源保护、管理体制、运营机制、法律保障等方面开展基础研究。

三是深入研究阐发长江精神价值，加强长江精神和长江所承载的丰厚优秀传统文化的挖掘阐释，推动长江文化与时代元素相结合，为新时代中华优秀传统文化传承发展提供强大动力。

四要大力弘扬长江文化时代价值。进一步深入研究长江文化基因内核的当代表征，进一步挖掘红色文化、党的百年精神谱系与长江文化的内在关联，推出一批重大研究成果。引导和鼓励长江文化主题文艺创作，实施长江文化精品创作工程，鼓励创作反映沿线居民生产、生活风貌的优秀文学、影视、美术作品，抒写新时代长江流域发展的重大成就和奋斗者的精神品格。拍摄电视专题片《长江之歌》，鼓励创作推出一批长江主题的优秀文艺作品。

五是举办长江国家文化公园展。相关文博单位通过精选展品，向大众展示长江流域地区的文明起源与发展历程、文化高峰时期的物质文明和精神文明的物证，以及当下城市文明的斑斓光影，更好地响应保护传承弘扬长江文化的号召。

各地区各方面扎实推进、精心组织，协同推进、有序实施，强化顶层设计、跨区域统筹协调，发挥中国特色社会主义的制度优势，着力形成布局合理、特色鲜明、功能衔接、开放共享的建设格局，确保长江国家文化公园建设高质量推进。

~~~~~~ **94**

建设长江国家文化公园的文化传承工程有哪些?

在漫长的历史演进中,绵延万里的长江孕育了灿烂深厚的历史文化、独树一帜的精神标识和包容并蓄的情感纽带。千百万年过去,岁月暗淡了昔日的璀璨荣光,风沙掩盖了曾经的盛衰兴亡,长江国家文化公园建设通过考古发掘、文物保护、文旅融合和陈列展览四大工程,力图复现长江流域尘封的文化记忆,推动长江文化的代际相传。

考古发掘工程对于探明长江文明乃至中华文明的起源有着重大政治意义。历史文化遗产是不可再生的珍贵资源,是前人留给我们的宝贵资产,考古发掘项目用活化的遗迹记录了深化文化认同和国家观念的历史步骤。长江流域是早期人类生存和演化的重要地区之一,早在公元前 5000 年,

图 5-4　余姚河姆渡文化遗址博物馆展陈

长江就诞生了一批古老的文明，无论是文明面积还是文化遗址的数量和密度，都是世界上最大的，其中良渚文化、河姆渡文化、三星堆文化等都给东亚及世界带来很大的影响。随着我国现代化进程的加快，文化遗产及其生存环境受到严重威胁。因此，长江国家文化公园考古发掘工程更加具有现实的紧迫性。

文物保护工程有利于传承和弘扬长江流域优秀文化，增强民族凝聚力。文物是历代先民在各个发展阶段的智慧结晶，是维系中华民族团结统一的精神纽带。截至目前，长江沿线省（区、市）共有全国重点文物保护单位 1872 处，省（区、市）级文物保护单位 7320 处，市县级文物保护单位 45252 处，涉及古宫、道观、寺庙、古桥梁、古祠堂、民居、牌坊、古石刻、古塔、古代名人墓穴、古文化遗址、古窑址、革命旧址、古城墙关隘等，数量众多，内涵丰富，共同构成了博大精深的长江文化，展现了长江流域中华优秀传统文化、革命文化、社会主义现代文化的恢宏体系，成为中华民族走向伟大复兴的坚实支撑力量。长江国家文化公园将整体统筹、系统推进长江文物保护与文物修复工作，让长江文化永世传承，发扬光大。

文旅融合工程有利于提升文化事业内生动力，实现文化与旅游互促共赢。文化与旅游的融合是指在保护与发展的基础上，实现文化产业与旅游产业的良性互动，文化赋予旅游更多的力量和内涵，旅游使文化的传播更加广泛。长江流域覆及地域广泛，文化主题鲜明，为文旅融合创造了宽广的发展空间。长江国家文化公园将系统整合沿线的文化景点与自然风光，同时培育和引入一批专业的文旅开发企业，在实现文化资源保护传承的同时，推动文化资源与市场有效对接，形成"以文促旅，以旅兴文"的良性循环，实现长江文化带与长江旅游带协同发展。

陈列展览工程有利于擦亮长江文化名片，提升长江文化标识的世界影响。博物馆是高度集中的历史和世界，是储存自然和文化遗产的巨大宝藏，文物的陈列与展览为社会公众提供了提升文化素养、感受文明熏陶、培育文化认同、增强文化自信的窗口，成为社会教育的有机组成部分。长江流域各种类型的博物馆不计其数，在国家文物局和长江流域各省（区、市）文物主管部门的支持下，长江流域 19 个省（区、市）博物馆（院）共同发起成立长江流域博物馆联盟，旨在促进长江流域博物馆资源的整合和开放共享，充分发挥示范引领和辐射作用，更好地满足人民美好生活需要。

95

建设长江国家文化公园要注意哪些问题？

建设国家文化公园是推动新时代文化繁荣发展的重大工程，意义非凡，影响深远。建设长江国家文化公园要与国家整体的经济、文化、社会发展战略相适应相协调，为此需要注意以下几个问题。

建设长江国家文化公园要坚持绿色发展理念。党的二十大报告指出，大自然是人类赖以生存发展的基本条件，尊重自然、顺应自然、保护自然，是全面建设社会主义现代化国家的内在要求，必须牢固树立和践行"绿水青山就是金山银山"的理念，站在人与自然和谐共生的高度谋划发展。长江流域是我国最重要的生态环境带之一，是我国重要的生态宝库，对我国整体自然环境影响重大，建设长江国家文化公园要把生态环境保护和治理放在突出地位，加强水污染防治与水土流失治理，推行草原森林河流湖泊湿地休养生息，实施好长江十年禁渔，共抓大保护，不搞大开发，携手齐心打造长江国家文化公园的绿色底色。

建设长江国家文化公园要发扬社会主义文化。建设长江国家文化公园是建设社会主义文化强国的重大文化工程，要突出文化定位，发展面向现代化、面向世界、面向未来的，民族的科学的大众的社会主义文化。要传承弘扬优秀传统文化，保护好发展好地方特色文化和民俗文化，发掘红色革命文化，讲好中国故事，传播好中国声音。要举办一系列有影响力的长江文化活动，培养一大批传承和弘扬长江文化的文艺工作者，创作一大批有深度有价值的长江文化作品。要发挥人民群众首创精神，利用人民的智慧，增加民众的参与，满足人民群众的文化需求，真正落实人民群众在建设长江国家文化公园中的共建共享。

建设长江国家文化公园要推动文旅融合发展。长江沿线胜景如云，既有长江三峡、鄱阳湖、洞庭湖、衡山、庐山等自然风光，又有白帝城、钓鱼城、黄鹤楼、赤壁、岳阳楼等文化古迹。要保护好长江文物和文化遗产，深入研究长江文化内涵，大力推进文化和旅游实体空间建设，推动沿线文化旅游产业带、文化旅游廊道、文化旅游岸线、文化旅游名城（镇、村）建设，建设一批富有文化底蕴的世界级旅游景区和度假区，打造一批文化特色鲜明的国家级旅游休闲城市和街区，力争打造更多文旅融合协同发展的创新平台和新增长极。

建设长江国家文化公园要构建区域协作机制。长江国家文化公园横跨我国东中西三大区域，涉及 13 个省（区、市），存在着区域发展不平衡、区域合作机制不健全等问题。如果各地各自为政，长江国家文化公园不可能建设好。要统筹推进长江国家文化公园建设，加快出台长江国家文化公园总体规划，明确各省（区、市）重点工作任务，建立跨区域协调沟通机制。要加强重点区域和重点领域合作，鼓励沿线省（区、市）在规划对接、设施共建、产业联动方面做出具有创设性的制度安排，采取符合现代治理理念的路径模式。要支持各地深度挖掘本土文化资源，凸显区域特色文化优势，避免千篇一律的重复建设，打造"百花齐放"的长江文化盛宴。

~~~~~~~~~~~~~~~~~~~~~~~~~~~~~~~~~~~~~~~ # 96

建设长江国家文化公园对推进中国式现代化有什么意义？

党的二十大报告提出："从现在起，中国共产党的中心任务就是团结带领全国各族人民全面建成社会主义现代化强国、实现第二个百年奋斗目标，以中国式现代化全面推进中华民族伟大复兴。"持续推进中国式现代化是当下乃至未来较长一段时期党和国家的中心任务，长江国家文化公园的建设同样是中国式现代化的重要组成部分，并将从以下几个方面推动中国式现代化的实现。

建设长江国家文化公园可以促进物质文明与精神文明协调发展。中国式现代化要求在注重物质文明的同时，大力发展精神文明，物质文明与精神文明协调发展。长江国家文化公园内一系列遗迹遗址的发掘保护，文化场馆的建设开放和人文景点的开发优化，不仅促进了长江沿线的经济发展，还为精神文明建设提供了坚实的物质载体和现实支撑。而对长江流域优秀传统文化、民族文化、地域文化和革命文化的新发掘、新利用和新整合，则为精神文明建设提供了灵感来源与文化依托，物质文明与精神文明建设相得益彰。

建设长江国家文化公园可以促进人与自然的和谐共生。中国式现代化是人与自然和谐共生的现代化。长江流域是我国重要的生态屏障，在全国生态版图中具有举足轻重的地位，长江国家文化公园首先是天蓝、水清、草绿的自然公园。这要求沿线相关省（区、市）秉持"绿水青山就是金山银山"的发展理念，将国家文化公园建设与长江生态治理紧密结合起来，共抓大保护，不搞大开发，将文化资源的开发建立在绿水青山的生态沃土之上，有力促进人与自然的和谐共生。

建设长江国家文化公园可以推动经济社会的高质量发展。高质量发展是全面建设社会主义现代化国家的首要任务，在建设社会主义现代化国家新征程中，必须以高质量发展全面推进中国式现代化。长江国家文化公园的建设将带动一大批基础设施和文化场馆的投资，促进第三产业发展和消费增长与消费升级，为长江沿线的文化旅游产业提供新的历史机遇，有利于实现文化传承、经济发展、生态保护、社会公益的有机协调，最终推动经济社会的高质量发展。

建设长江国家文化公园可以推进全体人民共同富裕。中国式现代化的本质要求是实现全体人民共同富裕，并达到物质富裕和精神富裕的高度统一。长江国家文化公园的建设可以推动旅游、文创、休闲农业等特色产业的发展，创造大量的就业岗位与创新创业机会，促进沿线地区经济发展和农民增收致富。同时，长江国家文化公园承载了文化教育、公共服务、旅游观光、休闲娱乐、科学研究等多重文化功能，打造出许多展现时代价值和长江特色的文化精品，极大地丰富人民的精神世界。

◎ 延伸阅读

中国式现代化

"中国式现代化"是指中国在实现现代化过程中，既要继承发展现代化的一般规律，又要发挥中国特色，保持自身的文化特色和发展路径的独立性，从而实现经济社会的快速、持续、健康发展。"中国式现代化"强调将中国的传统文化和现代化发展相结合，充分发挥自身的优势，在实现现代化的过程中要考虑到中国的国情和特点。坚持以人民为中心的发展思想，实现人民的全面发展和全面幸福；强调在现代化发展的过程中保护和发扬中国的传统文化和价值观，为实现中华民族伟大复兴提供了重要的发展思路和路径。

97

建设长江国家文化公园对弘扬中华文明有哪些意义？

古人云："万物有所生，而独知守其根。"中华文明是中华民族的"根"与"魂"，展现了中华民族独特的精神标识和文化精髓。当今世界正经历百年未有之大变局，二战以来的全球化体系遭遇空前的挑战，国际社会正迫切需要来自古老东方文明的精神与理念。长江孕育并见证了中国的勃兴与流变，是涵养中华文明的重要源泉。长江国家文化公园的建设使长江文明得以作为独特的文化符号与世界文明交流互鉴，不断提升中华文明的吸引力、传播力与影响力，推动中华文明走向世界。

建设长江国家文化公园有利于增强中华文明的吸引力。文化吸引力是中华文明得以对外传播，进而影响世界，形成文化软实力的先决条件。长江发源于"世界屋脊"青藏高原的唐古拉山脉，干流流经青海、四川、西藏、云南、重庆、湖北、湖南、江西、安徽、江苏、上海 11 个省（区、市）。长江国家文化公园建成后，6397 千米的长江两岸将如璀璨的明珠被串联起来。结合其独特的地貌特征与历史积淀，沿线的每座城市都会呈现出极具特色的文化风格，既有滇藏文化、巴蜀文化等地域文化元素，又有古都文化、"海丝"文化等多样文化形态，还包括神话传说、戏曲戏剧等多种文化艺术资源。长江国家文化公园将深度挖掘并全面展现长江文化的独特魅力，继而引发情感共鸣，增强中华文明的吸引力。

　　建设长江国家文化公园有利于提升中华文明的传播力。只有不断扩大传播力，才能与更多受众建立联系，从而在更大范围内呈现中华文明的独特魅力。作为一个公共文化载体，长江国家文化公园将文化资源转变为普通大众能够真实触摸、感知到的素材，为公众敞开了了解长江文脉的大门，拉近了历史与公众的距离，推动了中华文明向世界传播。例如，四川博物院联合全国 48 家文博单位，串联巴蜀、荆楚、吴越 3 个重要的青铜文化圈，共同推出"长江流域青铜文明特展"，同时开展多场专家讲座，为普通观众深度解读流域的青铜文化；在第七届长江读书节上，湖北省联合长江沿线多家省级图书馆，开展"沿着长江读中国"系列活动，引领着广大书友在读书讲书中穿巴山蜀水、越云贵高原、过荆楚大地、入江南水乡，营造了浓厚的文化氛围；南京博物院联合长江下游 9 家单位推出"大江万古流——长江下游文明特展"，向观众展示长江下游地区的文明起源与发展历程、文化高峰时期物质和精神文明的物证，以及当下城市文明的斑斓光影。

　　建设长江国家文化公园有利于扩大中华文明的影响力。在逆全球化思潮抬头、局部冲突和动荡频发的当下，长江文化的影响力表现得更为突出，其中海纳百川的襟怀、润泽万物的气度、百折不回的勇气为今日之中国与世界提供了充足的精神给养。对内而言，长江国家文化公园的建设将进一步激发广大人民群众的国家认同感、使命感与自豪感，进而汇聚磅礴的精神力量，成为激励中华儿女共同奋斗进取的精神动力，让中国在世界文化

图 5-5 南京博物院展览现场（王晓晨 摄）

的激荡中站稳脚跟，勇毅前行；对外而言，长江国家文化公园使长江文化"活"了起来，成为中国面向世界、面向未来的文化窗口，通过集中的表达与传播，长江文化将创造更大范围的文化认同，进而推动中华文明在全球范围内形成更为广泛的影响力。

参考文献

［1］李后强，等.长江学［M］.成都：四川人民出版社，2020.

［2］杜地.民族之魂: 三长精神——长江、长城、长征[M].长春: 长春出版社，
2012.

［3］傅才武.长江国家文化公园建设中的国家目标、区域特色及规划建议[J].
决策与信息，2022（8）.

［4］央视网.长江防护林建设工程护航长江经济带［J］.长江技术经济，
2018，2（02）：64.

［5］冯小波.长江流域发现的古人类化石［C］.第九届中国古脊椎动物学学
术年会论文集，2004：139-162.

［6］王文成.元谋人与东方人类的起源［J］.云南民族大学学报（哲学社会
科学版），2007（04）：17-20.

［7］刘源隆.稻城皮洛遗址刷新世界考古历史［N］.中国文化报，2021-10-
19（008）.

［8］裴树文.中国古人类活动遗址形成过程研究的进展与思考［J］.人类学
学报，2021，40（03）：349-362.

［9］刘斌.良渚与中国百年考古——被低估的中国新石器时代［J］.中国文
化研究，2021，114（04）：1-11.

［10］李桂芳，马芸芸.浅谈大禹治水及其对巴蜀地区的影响［J］.中华文

化论坛，2019，158（06）：134–139+157–158.

［11］张白峡、陈静亦.可爱的四川［M］.成都：四川教育出版社，2018.

［12］李大明.巴蜀文学与文化研究［M］.北京：商务印书馆，2005.

［13］何一民.成都学概论［M］.成都：巴蜀书社，2010.

［14］斯图尔特·艾特肯，吉尔·瓦伦丁.人文地理学方法［M］.柴彦威，
周尚意，等，译.北京：商务印书馆，2016.

［15］张宝秀.地方学与地方文化研究理论与实践——国际学术研究会论文
集2016［C］，北京：知识产权出版社，2017.

［16］林忠亮，李明.巴山蜀水的民俗与旅游［M］.北京：旅游教育出版社，
1996.

［17］大卫·赖克.人类起源的故事［M］.叶凯雄，胡正飞，译.杭州：浙
江人民出版社，2019.

［18］张立城，等.水环境化学元素研究［M］.北京：中国环境科学出版社，
1996.

［19］刘艳萍，王红主.中国艺术名作鉴赏［M］.长春：吉林文史出版社，
2007.

［20］刘盛佳.长江流域经济发展和上、中、下游比较研究［M］.武汉：华
中师范大学出版社，1998.

［21］周兴志，赵建功.长江流域地质环境和工程地质概论［M］.武汉：中
国地质大学出版社，2004.

［22］李德旺，李红清，雷明军.长江上游生态环境敏感度与水电开发生态
制约性研究［M］.武汉：长江出版社，2016.

［23］陈昀.中国古代陶瓷窑址资源统计与分析［J］.南方文物，2018（02）：
208–216.

［24］刘玉堂，张硕.长江流域服饰文化［M］.武汉：湖北教育出版社，
2005.

［25］王胜利，后德俊.长江流域的科学技术［M］.武汉：湖北教育出版社，

2007.

［26］中华人民共和国科技部.中国科技发展 70 年（1949—2019）［M］.北京：
科学技术文献出版社，2019.

［27］邹统钎.长江国家文化公园：保护、管理与利用［M］.北京：中国旅
游出版社，2023.

［28］北京清华同衡规划设计研究院有限公司.长江国家文化公园四川段规
划纲要［S］.2022：28-33.

［29］蔡武进，刘嫒.长江流域文化遗产保护的现状、价值及路径［J］.决
策与信息，2022（01）：81-89.

［30］费宝仓.美国国家公园体系管理体制研究［J］.经济经纬，2003（04）：
121-123.

［31］蔚东英，王延博，李振鹏，等.国家公园法律体系的国别比较研究——
以美国、加拿大、德国、澳大利亚、新西兰、南非、法国、俄罗斯、
韩国、日本 10 个国家为例［J］.环境与可持续发展，2017，42（02）：
13-16.

［32］黄宝荣，王毅，苏利阳，等.我国国家公园体制试点的进展、问题与
对策建议［J］.中国科学院院刊，2018，33（01）：76-85.

［33］杨锐.美国国家公园规划体系评述［J］.中国园林，2003（01）：
45-48.

［34］钟林生,邓羽,陈田,等.新地域空间——国家公园体制构建方案讨论[J].
中国科学院院刊，2016，31（01）：126-133.

［35］刘芸，李红清，李迎喜，等.长江流域重点文物保护单位现状和保护
对策［J］.人民长江，2008，39（12）：4.

名词索引

（按汉语拼音字母顺序排列）

后　记

"一方水土养育一方人。"我们为自己是"长江人"而自豪和自信，为能成为本书的作者而感到荣幸和骄傲。

我们都出生和成长在长江流域，这里有我们降生的哭声、儿时的脚印、少年的梦想，更有父母的汗水、兄弟的身影、亲友的牵挂。长江是我们出发的起点、乡愁的源头、不灭的记忆，我们的一生都与长江有关，并形影不离，心心相印，这是一种母子情结、"量子纠缠"、时空穿越。长江是我们的根脉、摇篮、情缘，每每提及长江，我们都心怀感激，眼含泪水，心血潮涌，久久难静。多年前，我们就下定决心，一定要为长江做一点事！

在长期酝酿的基础上，2019 年 4 月，在第三届（宜宾）长江经济带发展高端对话会上，我们提出了建立"长江学"的构想，并把"长江学"定义为研究长江流域历史、地理、文化、经济、生态、水利、治理等问题的综合性交叉学科，重点研究长江演变规律和特点，为长江经济带建设提供学理支撑。这一想法通过中国社会科学网等媒体报道后，引起较大反响。2019 年 12 月，湖北省社会科学院举办了第一届"长江学"学术研讨会。2020 年 3 月，四川省社会科学院党委研究决定将"长江学"作为重大课题立项。我们冒着新冠疫情撰写了《长江学》专著，并于 2020 年 9 月正式出版发行。该书首次提出"长江与黄河共同构成中华民族文化基因的双股结构"等观点，并认为水是生命之源，也是文明之源，大江大河都有自己的生命，每条河流都有自己的历史、个性、记忆和密码。我们还从中医经络穴位视角，系统地研究了长江流域的山脉、地脉、水脉、人脉、文脉、经脉等问题。2020 年 12 月，我们专题报送了《关于建设长江国家文化公园的建议》，得到四川省委省政府领导高度重视和中央相关部门的肯定。2021 年七八月，澎湃新闻、《四川日报》等媒体公开发表了我们关于建设长江国家文化公园的部分想法。实际上，建立长江国家文化公园是学界的共识。2021 年 3 月全国"两会"期间，贺云翱、徐利明、董玉海、心澄、盛小云 5 位全国政协委员联名递交了提案，建议尽早建立长江国家文化公园，把长江文化保护好、传承好、弘扬好，在全国影响很大。2022 年 1 月初，国家文化公园建设工作领导小组发出通知，部署启动长江国家文化公园建设，要求各相关部门和地区结合实际抓好贯彻落实。至此，我们总算释怀了一些，但还远远不够。

似乎真有心存灵犀的"量子纠缠"，难得的机会终于来了！2022 年 9 月 30 日，南京出版社王晓晨老师通过社科系统找到了联系方式，邀请我们撰写《长江国家文化公园 100 问》书稿，我们丝毫没有犹豫就欣然接受了约稿，并立即投入了新的战斗！由于长江的历史太久远，形象太高大，变迁太梦幻，机理太深奥，故事太神奇，文化太厚重，我们虽然几易其稿，也很难精准写出她的原真、全貌、胸襟和气象，但我们尽力了。不妥之处，敬请读者批评指正。

　　本书由李后强撰写提纲和问题条目，确定任务分工，牵头组织讨论、统稿和修改。各篇撰写人分别是："序篇"为王强、李后强，"历史文明篇"为廖冲绪、袁子稀、蔡钦衣，"文化艺术篇"为陈杰，"绿色生态篇"为张永祥，"科学技术篇"为龙卓明、李贤彬，"时代精神篇"为廖祖君、侯宏凯。正文中未署名的图片均来自上海图虫网络有限公司，并获准授权使用。编辑老师多次提出条目增减建议和修改意见，并对全书文字进行了精心打磨。在此，我们对南京出版社表示衷心感谢！

　　伟大的长江，我们的母亲，岂止百问、千问？也许还有十万个为什么、百万个为什么。每个人心中的长江都不同，她是女神，也像是慈父，我们只能敬仰和膜拜！

李后强

2023 年 3 月 6 日